# 地球秘密我知道

王子安◎主编

汕頭大學出版社

图书在版编目（CIP）数据

地球秘密我知道 / 王子安主编. -- 汕头 : 汕头大学出版社，2012.5（2024.1重印）
ISBN 978-7-5658-0804-3

Ⅰ. ①地… Ⅱ. ①王… Ⅲ. ①地球－普及读物 Ⅳ. ①P183-49

中国版本图书馆CIP数据核字(2012)第096865号

地球秘密我知道

主　　编：王子安
责任编辑：胡开祥
责任技编：黄东生
封面设计：君阅天下
出版发行：汕头大学出版社
　　　　　广东省汕头市汕头大学内　邮编：515063
电　　话：0754-82904613
印　　刷：三河市嵩川印刷有限公司
开　　本：710 mm×1000 mm　1/16
印　　张：16
字　　数：90千字
版　　次：2012年5月第1版
印　　次：2024年1月第2次印刷
定　　价：69.00元
ISBN 978-7-5658-0804-3

版权所有，翻版必究
如发现印装质量问题，请与承印厂联系退换

# 前

浩瀚的宇宙,神秘的地球,以及那些目前为止人类尚不足以弄明白的事物总是像磁铁般地吸引着有着强烈好奇心的人们。无论是年少的还是年长的,人们总是去不断的学习,为的是能更好地了解我们周围的各种事物。身为二十一世纪新一代的青年,我们有责任也更有义务去学习、了解、研究我们所处的环境，这对青少年读者的学习和生活都有着很大的益处。这不仅可以丰富青少年读者的知识结构，而且还可以拓宽青少年读者的眼界。

地球本身只是宇宙世界的一颗微粒，然后她却因为具有各种动物、植物与人类等生命，而变得非同寻常。自有人类的太空文明以来，人类就一直在搜寻、探讨、幻想着天外的文明与来客。然而，历史发展至今，也只有地球是惟一有生命存在的绿色世界。或许正由于这种唯一，才更应该激起我们对于地球的尊重与呵护，才更应该为了地球上所有生命的未来而倍加爱惜我们生存的地球环境与资源。只有我们人类真正做到了无愧于地球，才能永远掌舵这艘奇妙的充满生命温情的生命的方舟。本书即是讲述了跟地球相关的知识，包括地球的神秘简历、千姿百态的地球景观、地球体内的宝藏、阴晴突变的地球天气、地球上的灾害等。

综上所述，《地球秘密我知道》一书记载了神秘地球中最精彩的部分，从实际出发，根据读者的阅读要求与阅读口味，为读者呈现最有可读性兼趣味性的内容，让读者更加方便地了解历史万物，从而扩大青少年读者的知识容量，提高青少年的知识层面，丰富读者的知识结构，引发读者对万物产生新思想、新概念，从而对世界万物有更加深入的认识。

此外，本书为了迎合广大青少年读者的阅读兴趣，还配有相应的图文解说与介绍，再加上简约、独具一格的版式设计，以及多元素色彩的内容编排，使本书的内容更加生动化、更有吸引力，使本来生趣盎然的知识内容变得更加新鲜亮丽，从而提高了读者在阅读时的感官效果，使读者零距离感受世界万物的深奥。在阅读本书的同时，青少年读者还可以轻松享受书中内容带来的愉悦，提升读者对万物的审美感，使读者更加热爱自然万物。

尽管本书在制作过程中力求精益求精，但是由于编者水平与时间的有限、仓促，使得本书难免会存在一些不足之处，敬请广大青少年读者予以见谅，并给予批评。希望本书能够成为广大青少年读者成长的良师益友，并使青少年读者的思想得到一定程度上的升华。

2012年7月

# 目　录
# contents

## 第一章　地球的神秘简历



## 第二章　千姿百媚的地球景观

## 第三章　探寻地球体内的宝藏



## 第四章　阴晴突变的地球天气



## 第五章　美丽的地球也疯狂



## 第六章　古今中外的地理学家

# 第一章

# 地球的神秘简历

地球是太阳系八大行星之一，从诞生之日起，已有46亿年。按离太阳由近及远的次序，是太阳系第三颗行星，位于水星、金星之后；按大小，在八大行星中排行第四。英语的地球Earth一词来自于古英语及日耳曼语。在罗马神话中，地球女神叫Tellus——肥沃的土地（希腊语叫Gaia，即大地母亲）。目前地球是所知道的惟一的有生命存在的星球。地球这个神秘的星球，其有许多重要的参数，比如其公转周期约365.2422天；回归年长度是 366.2422 天；公转轨道呈梨形，7月初为远日点，1月初为近日点；自转周期是恒星日为23小时56分04秒，太阳日为24小时，方向是自西向东；其大气的主要成份是氮（78%）、氧（21%）、二氧化碳（ 0.037%）、水蒸气(0.03%)与稀有气体（0.933%）；地壳的主要成份是氧（47%）、硅（28%）和铝（8%）；赤道半径6378.140 公里，极半径6356.755 公里，赤道周长40075.13 公里，体积10832亿立方公里；地球表面积5.11亿平方公里，其中海洋面积3.617453亿平方公里，占总表面积的70.8％。陆地面积1.49亿平方公里，占总表面积的29.2％。如此等等，这些神秘的数据揭示着地球内在的运动规律。地球的大部分表面都很“年轻”，只有5亿年左右，以天文史的角度来看确实很短。目前已知最老的岩石只有大约40亿年，最老的生物化石不早于39亿年。在地球史上，它有相当长的一段时期是个由熔化的岩浆形成的火球。而且经过精密测量，发现地球是个两极稍扁、赤道略鼓的不规则球体。同时地球也是个自然灾害频发的星球，诸如地震、泥石流、滑坡、台风、海啸、冰雹、旱灾、洪灾、寒潮、雪灾、酸雨、沙尘暴、荒漠化、暴风潮、龙卷风、水土流失、火山爆发、生物灾害等等，都是地球生命的杀手。下面我们就以地球为话题，来读一读其神秘的履历。

# 猜想地球的诞生

地球的起源、地球上生命的起源和人类的起源，被喻为地球科学的三大难题。尤其是地球的起源，西方人长期以来信奉“上帝创造世界”的宗教观念，随着哥白尼、伽俐略、开普勒和牛顿等人的发现，神创说被彻底推翻。之后开始出现各种关于地球和太阳系起源的假说。德国哲学家康德1755年提出了关于地球起源的第一个假说，康德的设想是这样的：由较为致密的质点组成凝云（星云），凝云相互吸引而成为球体，又因排斥而使星云旋转。这是地球科学研究史上最早的星云学说。

1796年，法国数学家、天文学家拉普拉斯提出了行星由围绕自己的轴旋转的气体状星云形成的学

康　德

法国天文学家拉普拉斯

说。拉普拉斯认为星云因旋转而体积缩小，其赤道部分沿半径方向扩大而成扁平状，之后从星云分离出去而成一个环，一个很象土星的光环。而且环的性质是不均一的，物质可聚集成凝云，发展为行星。按相同的原理和过程，从行星脱离出来的物质形成卫星。拉普拉斯的假说既简单动人，又解释了当时人类所认识的太阳系的许多特点，所以拉普拉斯的假说统治了整个19世纪。

后来，前苏联天文学家费森柯夫认为太阳因高速旋转而成梨形、葫芦形，最后在细颈处断开，被抛出去的物质就成了行星。抛出物质后太阳缩小，旋转变慢；一旦旋转加快，又可能成梨形而再一次抛出一个行星。如此这样，而逐渐形成太阳周围的八大行星。而科幻作家、物理学家斯坦利·施密特在他的小说《罪恶之父》中则提出了一个大胆、新奇的设想：太阳在参加银河系的转动中，在穿越黑暗物质时俘虏了一部分尘埃和流星的固体物质，从而在其周围形成粒子群。后来在太阳引力作用下围绕太阳作椭圆运动，并与太阳一起继续在银河系的漫长运动行程，于是最终由粒子群发展为行星和慧星，而有些则形成流星、陨星。

除了上述猜想地球的诞生的学说之外，还有其它形形色色的假说，比如英国天文学家金斯也认为地球是太阳抛出的。而且他以自己的观点猜想了整个太阳系的形成过程。他认为某个恒星从太阳旁边经过时，两者间的引力在太阳上拉出了雪茄状的气流，后来气流内部冷却，尘埃物质集中，而凝聚成陨石块，从而逐步凝聚成行星。由于被拉出的气流是中间粗两头细（雪茄状），所以大行星在中间，小行星在两端。

随着人类科技不断发达，进入宇宙时代，人们发现行星和卫星上有大量的撞击坑。1977年，天文学家肖梅克提出“固态物体的撞击是发生在类地行星上所有过程中最基本的”，并在此基础上提出了宇宙撞击和爆炸的假说。肖梅克认为这种撞击是分等级的，比如第四级的撞击形成月亮这样的卫星。宇宙撞击和爆炸的具体过程是：一个撞击体冲击原始地球，引起爆炸，从而围绕地球形成一个包含着气体、液体、尘埃和“溅”出来的固态物质所组成的带，最初是碟状的，后来因旋转的向心力作用而成球状，这就是原始的地球。无论是何种假说，如今都没有能够确切地说明地球是如何诞生的。不过我们相信，随天文科学的发展，地球起源之谜一定会被解开。

## 解剖地球的构造

地球结构为一同心状圈层构造，由地心至地表依次分为地核、地幔、地壳。地球的地核、地幔和地壳的分界面，主要依据地震波传播速度的急剧变化而推测确定。一般来说，地球各层的压力和密度随深度增加而增大，物质的放射性及地热增温率，均随深度增加而降低，近地心的温度几乎不变。地核与地幔之间以古登堡面相隔，地幔与地壳之间，以莫霍面相隔。下面我们来分别介绍一下地核、地幔与

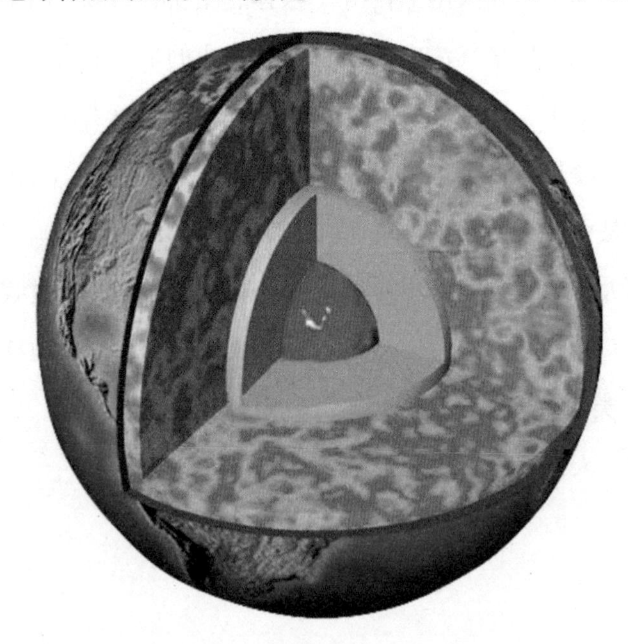

地 核

地壳。

地核，又称铁镍核心，其物质组成以铁、镍为主，又分为内核和外核。内核的顶界面距地表约5100千米，约占地核直径的1/3，可能是固态的，其密度为10.5～15.5克/立方厘米。外核的顶界面距地表2900千米，可能是液态的，其密度为9～11克/立方厘米。地幔又可分为下地幔、上地幔。下地幔顶界面距地表1000千米，密度为4.7克/立方厘米，上地幔顶界面距地表33千米，密度3.4克/立方厘米，因为它主要由橄榄岩组成，故也称橄榄岩圈。地壳的厚度约33千米，上部由沉积岩、花岗岩类组成，叫硅铝层，在山区最厚达40千米，在平原厚仅10余千米，而在海洋区则显著变薄，大洋洋底则是没有地壳的。地壳的下部由玄武岩或辉长岩类组成，称为硅镁层，呈连续分布。在大陆区厚可达30千米，在缺失花岗岩的深海区厚仅5～8千米。

另外，地壳与软流层构成岩石圈。而地球外部圈层结构是由大气圈、水圈和生物圈构成的。所谓大气圈，又叫大气层，大气层的成分主要有氮气、氧气、氩气，还有少量的二氧化碳、稀有气体（氦气、氖气、氩气、氪气、氙气、氡气）和水蒸汽。大气层的厚度大约在1000千米，没有明显的界限。大气层的空气密度随高度而减小，越高空气越稀薄。整个大气层随高度不同表现出不同的特点，分为对流层、平流层、中间层、暖层和散逸层，再上面就是星际空间。

所谓水圈是地球外圈中最活跃的一个圈层，是塑造地球表面最重要的角色。按照水体存在的方式可以将水圈划分为海洋、河流、地下水、冰川、湖泊等五种主要类型。水圈中大部分水以液态形式储存于海洋、河流、湖泊、水库、沼泽及土壤中；部分水以固态形式存在于极地的广大冰原、冰川、积雪和冻土中；水汽主要存在于大气中。人类的活动，如大规模砍伐森林、大面积荒山植林、大流域调水、大面积排干沼泽、大量抽用地下水等，对水圈都有一定的影响。人类的水力发电、灌溉、航运、渔业、工业和城市的发展，无不与水息息相关。

所谓生物圈是指地球上有生命活动的领域及其居住环境的整体，是由奥地利地质学家休斯在1375年提出的。它包括海平面以上约10000米至海平面以下11000米处，包括大气圈的下层，岩石圈的上层，整个土壤圈和水圈。绝大多数生物生存于地球陆地之上和海洋表面之下各约100 米的大气圈、水圈、岩石圈、土壤圈等圈层的交界处，这里

地外生物圈

是生物圈的核心。生物圈由生命物质、生物生成性物质和生物惰性物质三部分组成。生命物质又称活质，是生物有机体的总和；生物生成性物质是由生命物质所组成的有机矿物质相互作用的生成物，如煤、石油、泥炭和土壤腐殖质等；生物惰性物质是指大气低层的气体、沉积岩、粘土矿物和水。生物圈是地球特有的圈层，是地球上最大的生态系统。生物圈的范围包括大气层的底部、水圈大部、岩石表面。

## 解密地球上的板块

魏格纳

板块构造学说是在大陆漂移学说和海底扩张学说的基础上提出的，也称新大陆漂移学说。1910年，德国气象学家魏格纳偶然发现大西洋两岸的轮廓极为相似。经研究，他在1912年发表《大陆的生成》，1915年发表《海陆的起源》，提出了大陆漂移学说。该学说认为在古生代后期（约三亿年前）的地球上存在着一个“泛大陆”和一个“泛大洋”。后来，在地球自转离心力和天体引潮力的作用下，泛大陆的花岗岩层分离并在分布于整个地壳中的玄武岩层之上发生漂移，逐渐形成了现代的海陆分布。

大陆漂移学说成功解释了诸如大西洋两岸的轮廓问题；非洲与南美洲发现相同的古生物化石及现代生物的亲缘问题；南极洲、非洲、澳大利亚发现相同的冰碛物；南极洲发现温暖条件下形成的煤层等地理现象。但有一个致命弱点，即动力问题。根据魏格纳的说法，当时的物理学家开始计算。他们利用大陆的体积、密度计算陆地的质量；再根据硅铝质岩石（花岗岩层）与硅镁质岩石（玄武岩层）摩擦力的状况，算出要让大陆运动，需要多大的力量。最终发现，日月引力和潮汐力根本无法推动广袤的大陆。因此，大陆漂移学说十几年后就逐渐销声匿迹。

紧接着20世纪50年代，海洋探测的发展证实海底岩层薄而年轻（最多二、三亿年，而陆地岩层有数十亿年）；另外，1956年开始的海底磁化强度测量发现大洋中脊两侧的地磁异常是对称的。据此，美国学者赫斯提出了海底扩张学说，认为地幔软流层物质的对流上升使海岭地区形成新岩石，并推动整个海底向两侧扩张，最后在海沟地区俯冲沉入大陆地壳下方。由于海底扩张学说对于板快运动的动力问题作出新的解释，加上新的证据（如古地磁研究）证明大陆确实可能发生过漂移，从而使大陆漂移学说复活——板块构造学说开始形成。

板块构造学说是1968年法国地质学家勒皮雄与麦肯齐、摩根等人提出的一种新的大陆漂移说，它是海底扩张说的引伸。板块构造学说是指构成地球固态外壳的巨大板块的运动学说。板块构造，又叫全球大地构造；所谓板块指的是岩石圈板块，包括整个地壳和莫霍面以下的上地幔顶部（也就是地壳和软流圈以上的地幔顶部）。板块运动常导致地震、火山和其它大地质事件。从本质上来讲，板块决定了地球的地质历史。从科学史的角度而言，地球是我们所知道的唯一一个适合板块构造学说的行星。地球板块运动被认为是生命进化的必要条

太阳系八大行星

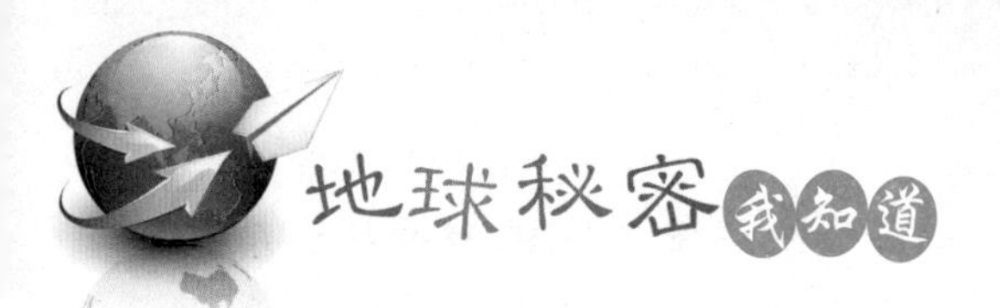


件。哈佛行星科学家黛安娜·巴伦西亚领导的研究小组发现——随着行星质量的增大，切变力就会增加，板块厚度减小。这两种因素削弱了板块，使板块减少，这是板块构造学说中的关键部分。

按照赫斯的海底扩张说，大洋中脊是地幔对流上升的地方，地幔物质不断从这里涌出，冷却固结成新的大洋地壳，以后涌出的热流又把先前形成的大洋壳向外推移，自中脊向两旁每年以0.5～5厘米的速度扩展，不断为大洋壳增添新的条带。因此，洋底岩石的年龄是离中脊愈远而愈古老。当移动的大洋壳遇到大陆壳时，就俯冲钻入地幔之中，在俯冲地带，由于拖曳作用形成深海沟。大洋壳被挤压弯曲超过一定限度就会发生一次断裂，产生一次地震，最后大洋壳被挤到700千米以下，被处于高温溶融状态的地幔物质所吸收同化。向上仰冲的大陆壳边缘，被挤压隆起成岛弧或山脉，它们一般与海沟伴生。比如太平洋周围分布的岛屿、海沟、大陆边缘山脉和火山、地震就是这样形成的。所以，海洋地壳是在大洋中脊处诞生，到海沟岛弧带消失，这样不断更新，大约2～3亿年就全部更新一次。因此，海底岩石都很年轻，一般不超过两亿年，平均厚约5～6千米，主要由玄武岩一类物质组成。而大陆壳已发现有37亿年以前的岩石，平均厚约35千米，最厚达70千米以上。除沉积岩外，主要由花岗岩类物质组成。地幔物质的对流上升也在大陆深处进行着，在上升流涌出的地方，大陆壳将发生破裂。如长达6000多千米的东非大裂谷，就是地幔物质对流促使非洲大陆开始张裂的表现。另外板块边界为极不稳定地带，地震几乎全部分布在板块的边界上，火山也特别多在边界附近，其它如张裂、岩浆上升、热流增高、大规模的水平错动等，也多发生在边界线上。

## 地理学百花园

### 地球上的六个大板块

勒皮雄在1968年将全球地壳划分为六大板块——太平洋板块、亚欧板块、非洲板块、美洲板块、印度洋板块（包括澳洲）和南极板块。其中除太平洋板块几乎全为海洋外，其余板块既包括大陆又包括海洋。此外，在板块中还可分出小板块，如美洲板块可分为南、北美洲两个板块；菲律宾、阿拉伯半岛、土耳其半岛等也是独立的小板块。板块之间的边界是大洋中脊或海岭、深海沟、转换断层和地缝合线。

其中，“海岭”是指大洋底的山岭。海岭又名中脊，由两条平行脊峰和中间峡谷构成。在大西洋和印度洋中间有地震活动性海岭；太平洋也有地震性的海岭，但不在大洋中间，而偏向东边，它没有被中间峡谷分开为两排脊峰，一般叫它“太平洋中隆”。海岭实际上是海底分裂产生新地壳的地带。“转换断层”是指大洋中脊被许多横断层切成小段，它是一面向两侧分裂，另一面发生水平错动，海洋地理学家称之为转换断层。“地缝合线”是由两大板块相撞，接触地带挤压变形，构成褶皱山脉，使原来分离的两块大陆缝合起来。一般说来，在板块内部，地壳相对比较稳定，而板块与板块交界处，则是地壳比较活动的地带，这里火山、地震、断裂、挤压褶皱、岩浆上升、地壳俯冲等地理现象频繁发生。

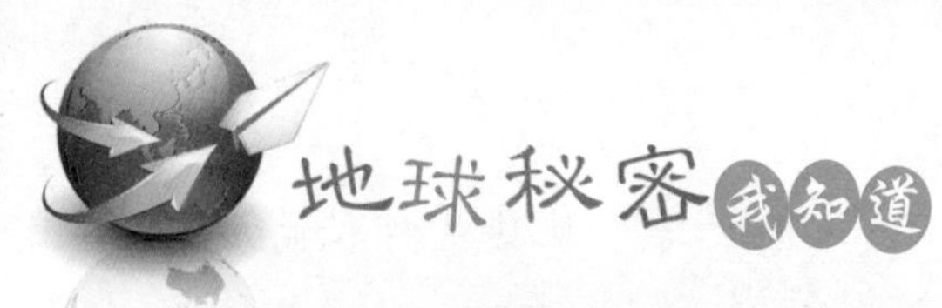


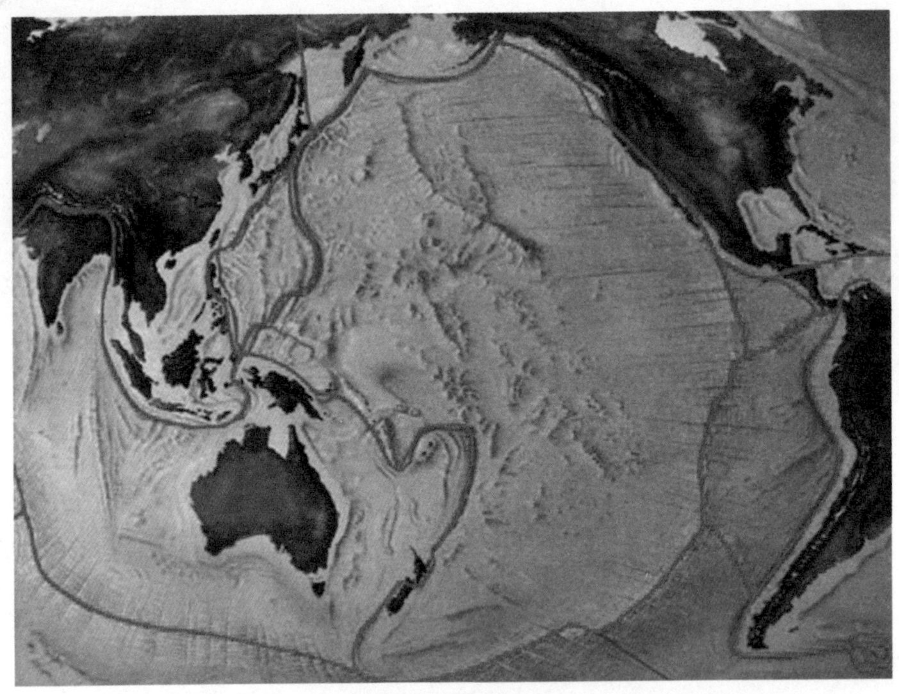

太平洋板块全部浸没在海洋里

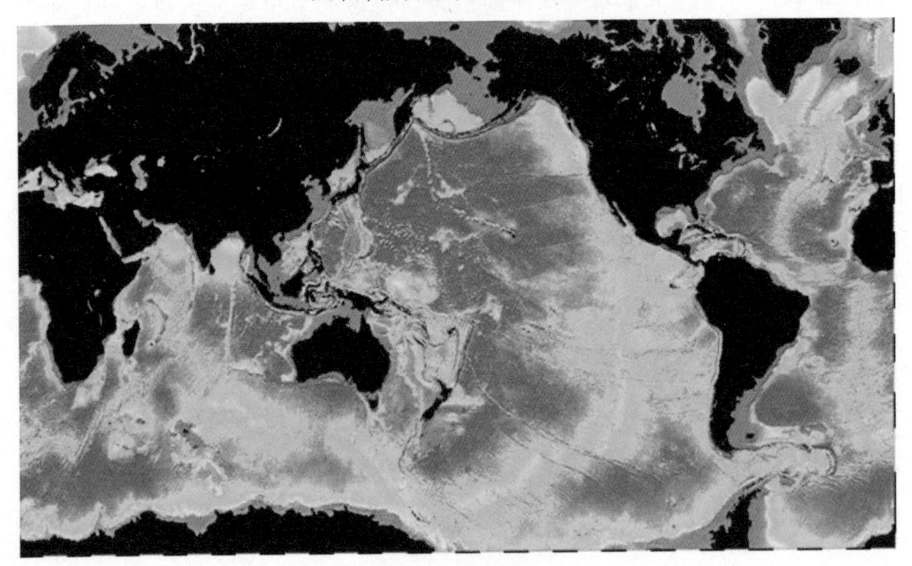

海岭地震带

# 地球上漂移的大陆

在地理学上，大陆彼此之间和大陆相对于大洋盆地间的大规模水平运动称为大陆漂移。1912年德国地理学家魏格纳提出大陆漂移说，并在1915年发表的《海陆的起源》一书中作了论证。由于不能解释漂移的驱动力机制问题，而受到地球物理学家、地质学家的反对。20世纪50年代，随着古地磁学、地震学的发展以及地层学、古生物学、古地理学、区域构造学等研究论证，大陆漂移说进一步发展，并受到地学界的重视。

现代地球物理学研究大陆漂移的动力机制的结论是——大陆漂移与向西漂移的潮汐力和指向赤道的离极力这两种分力有关。即较轻的硅铝质大陆块漂浮在较重的粘性硅

大西洋浮冰

镁层之上，由于潮汐力和离极力的联合作用而使泛大陆破裂并与硅镁层分离，并向西、向赤道作大规模水平漂移运动。

大陆漂移说认为，地球上所有大陆在中生代以前曾经是统一的巨大陆块，称之为泛大陆或联合古陆。中生代开始，泛大陆分裂并漂移，最终形成如今的地球海陆状态。泛大陆的存在及大陆破裂、漂移的证据主要有：①大西洋两岸的海岸线相互对应，特别是巴西东端的直角突出部分与非洲西岸呈直角凹进的几内亚湾非常吻合。②美洲和欧洲、非洲在地层、岩石、构造上的相似和呼应。③大西洋两岸古生物群具有亲缘关系。④石炭纪至二叠纪时，在南美洲、非洲中部和南部、印度、澳大利亚等大陆上发生过广泛的冰川作用。⑤现代精确的大地测量数据证实大陆仍在持续缓慢地作水平运动。⑥古地磁测量表明许多大陆现在所处位置并不代表其初始位置，而是经过了或长或短的运移。

## 地球上最古老的岩石

岩石学主要研究岩石的物质成分、结构、构造、分类命名、形成条件、分布规律、成因、成矿关系以及岩石的演化过程等，是地质科学的基础学科。18世纪末，岩石学从矿物学中脱胎出来而发展成一门独立的学科。在岩石学发展的初期，主要研究的是火成岩，到了19世纪中叶才开始系统研究变质岩，而沉积岩直到20世纪初才引起人们的注意。目前岩石学正沿着岩浆岩石学、沉积岩石学和变质岩石学三

岩　石

个方向发展。

古老岩石都出现在大陆内部的结晶基底之中。代表性的岩石是基性和超基性的火成岩，这些岩石由于受到强烈的变质作用转变为富含绿泥石和角闪石的变质岩，通常称为绿岩。如1973年在西格陵兰发现了约38亿年的花岗片麻岩。1979年，在南非波波林带中部发现的约39亿年的片麻岩。加拿大北部的变质岩——阿卡斯卡片麻岩是保存完好的古老地球表面的一部分。阿卡斯卡片麻岩有将近40亿年的年龄，这说明某些大陆物质在地球形成之后几亿年就已经存在了。

国外媒体报道，美国和加拿大的科学家在加拿大魁北克地区发现了迄今为止最古老的地球岩石，这块岩石大约形成于42.8亿年前，比此前人类已经发现的最古老岩石早了2.5亿年。美国卡内基研究所的地质学家理查德—卡尔森公布了他

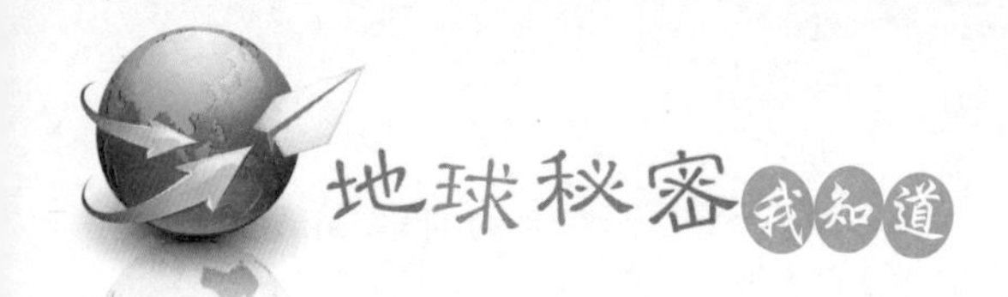


们的这一最新发现，他们宣称是从加拿大“努瓦吉图克”绿岩带发现了这些最古老岩石的。通过对岩石标本中稀土元素钕和钐的各种同位素细微变化的测量和分析，地质学家们最后推断这些岩石应该形成于38亿年到42.8亿年之前。这是到目前为止人类发现的最古老的岩石。地质学家们认为，这种最古老的岩石应该是由于远古火山堆积所形成。此前人类已知的最古老岩石年龄为40.3亿年，是源自加拿大西北部地区的“安卡斯塔片麻岩”。虽然，“努瓦吉图克”绿岩带的岩石被认为是迄今为止人类所发现的最古老岩石，但人类此前还发现了更为古老的矿物质——锆石。这种最古老的锆石发现于澳大利亚西部地区，其年龄大约为43.6亿年。卡尔森介绍，“努瓦吉图克”岩石是迄今为止人类所发现的最古老的完整岩石。这种古老的岩石可以帮助我们探索地壳早期的形成过程。

叠层石是前寒武纪末发生变质的碳酸盐沉积中最常见的一种“准化石”，是由原核生物所建造的

42.8亿年前的古老化石

有机沉积。通常认为，早期叠层石是蓝藻建造的，叠层石是蓝藻存在的指示。这种叠层状的生物沉积构造是由于蓝藻等低等微生物在其生命活动中，通过沉积物的捕获和胶结作用发生周期性的沉积作用而形

蓝　藻

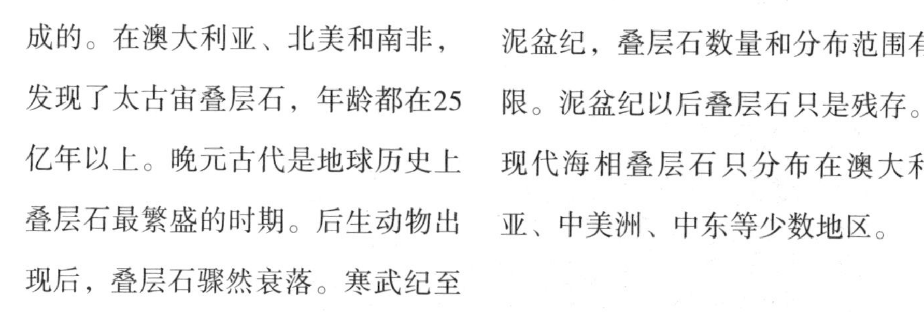

成的。在澳大利亚、北美和南非，发现了太古宙叠层石，年龄都在25亿年以上。晚元古代是地球历史上叠层石最繁盛的时期。后生动物出现后，叠层石骤然衰落。寒武纪至泥盆纪，叠层石数量和分布范围有限。泥盆纪以后叠层石只是残存。现代海相叠层石只分布在澳大利亚、中美洲、中东等少数地区。

# 话说岩石的作用

岩石是天然产出的具一定结构构造的矿物集合体，是构成地壳和上地幔的物质基础。按成因分为岩浆岩、沉积岩和变质岩。其中岩浆岩是由高温熔融的岩浆在地表或地下冷凝所形成的岩石，也称火成岩；沉积岩是在地表条件下由风化作用、生物作用和火山作用的产

大理岩

花岗岩

物，经水、空气和冰川等外力的搬运、沉积和成岩固结而形成的岩石；变质岩是由先成的岩浆岩、沉积岩或变质岩，由于其所处地质环境的改变经变质作用而形成的岩石。地壳深处和上地幔的上部主要由火成岩和变质岩组成。从地表向下16千米范围内火成岩和变质岩的体积占95%。地壳表面以沉积岩为主，约占大陆面积的75%，洋底几乎全部为沉积物所覆盖。

岩石的作用主要与其种类有

关，不同的岩石种类具有相应的特殊作用。按照岩石在人类社会中的运用可划分为如下应用领域及包含的相应的岩石类别：一是作为建材。主要有：大理岩（岩面质感细致，常用来作为壁面或地板；大理岩是由石灰岩变质而成，主要成分为碳酸钙，因此也是制造水泥的原料；大理岩材质软而细致，是很好的雕塑石材，许多有名的雕像都是由大理岩作成的，如维纳斯像；其他如墙面或摆饰（如花

板　岩

瓶、烟灰缸、桌子）等家用品，也常由大理石加工琢磨而成）、花岗岩（多用于寺庙里的龙柱、地砖、石狮等）、板岩（因其容易裂成薄板状，在山区极易取得，因此被山民筑成石板屋或围墙）、砾岩（有些砾岩含有鹅卵石及砂，且胶结不良，容易将它们分散开来）、石灰岩、泥岩（主要成分是黏土，自古就被作为砖瓦、陶器的原料）、安山岩（材质坚硬，常用来作庙宇的龙柱、墙壁的石雕、墓碑、地砖等）。二是可提炼金属。主要有：金矿（含金的岩石经过风化和侵蚀作用，金子会被分离出来而成自然金，因为金比泥沙重得多，容易沉积下来，经过淘洗，就成为黄金）、黄铜矿（是提炼铜最主要的矿物）、铅矿（呈铅灰色，有立方体的解理，是最重要的含铅矿物）、赤铁矿（外观颜色呈现铁灰色或红褐色，是最重要的含铁矿物）、磁铁矿（含铁矿物，具有磁性，吸附含铁物质）。三是作为宝石。矿物若具有坚硬、稀有、耐久、透明且颜色美丽的特点，即常被用来作为装饰品，一般称为宝石。常见的宝石主要有：钻石（俗称金刚石，有淡黄、褐、白、蓝、绿、红等多种颜色，以无色透明的价值最高）、刚玉（有多种颜色，红色的俗名红宝石，蓝色的叫做蓝宝石）、蛋白石（一般为无色或白色，有特殊的晕彩）、水晶（纯石英单晶称为水晶，水晶内因含不同杂质而呈现不同颜色，如

石灰岩

黄水晶、紫水晶等。石英的纤维状显微晶聚合体称为玉髓；石英的粒状显微晶聚合体称为燧石）。四是作为颜料。有些矿物具有特别的颜色，可用来作成颜料，如蓝色的蓝铜矿、绿色的孔雀石、红色的辰砂。

## 地理学百花园

### 岩石的其他用途

1．石英。是制造玻璃及半导体的主要原料。

2．方解石。存在于大理岩及石灰岩中，是制造水泥的主要原料。

3．白云母。因不导电、不导热且具有高熔点的特性，因此常用作电热器中绝缘体的材料。

4．石墨。硬度低，且具有油脂光泽，条痕为黑色，常用于制造铅笔芯，此外还可以做成润滑剂、电极、坩埚等。

5．硫磺。火山地区的温泉中即含有黄色的硫磺，可作为药用温泉的汤料。

6．石膏。一般用于固定骨折受伤处，或做成塑像，也用于建筑工业。

7．磷灰石。用于制造农业用磷肥。

8．蛇纹石。有镁的成分，可用于炼钢工业。

9．滑石。硬度低，有滑腻感，通常被研磨成粉末，以制造颜料、爽身粉、去污粉、化妆品。

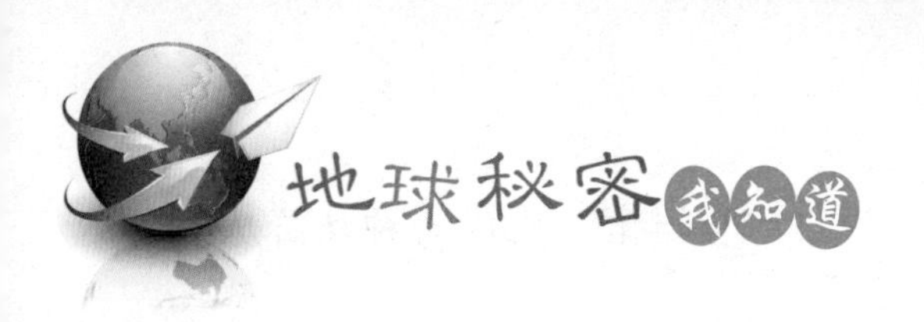


# 神奇矿物的形成

矿物是化学元素通过地质作用等过程发生运动、聚集而形成的。具体的作用过程不同，所形成的矿物组合也不相同。矿物在形成后，还会因环境的变迁而遭受破坏或形成新的矿物。从地质学的角度来说，促成矿物形成的地质作用主要分为岩浆作用、热液作用、风化作用、区域变质作用四大因素。下面我们一一加以说明。

一是岩浆作用。岩浆作用发生于温度和压力均较高的条件下。主要从岩浆熔融体中结晶析出橄榄石、辉石、闪石、云母、长石、石英等主要造岩矿物，组成各类岩浆岩。同时还有铬铁矿、族元素矿物、金刚石、钒钛磁铁矿、铜镍硫化物以及含磷、锆、铌、钽的矿物形成。岩浆作用中，矿物在700℃～400℃、外压大于内压的封闭系统中生成，所形成的矿物颗粒粗大，除长石、云母、石英外，还有富含氟、硼的矿物，如黄玉、电气石，含锂、铍、铷、铯、铌、钽、稀土等稀有元素的矿物如锂辉石、绿柱石和含放射性元素的矿物。

二是热液作用。热液作用中矿物从气液或热水溶液中形成。热液分为高温热液（400℃～300℃）、中温热液（300℃～200℃）、低温热液（200℃～50℃）三种。其中，高温热液以钨、锡的氧化物和钼、铋的硫化物为代表；中温热液以铜、铅、锌的硫化物矿物为代表；低温热液以砷、锑、汞的硫化物矿

黑云母

物为代表。此外，热液作用还会促成石英、方解石、重晶石等非金属矿物形成。

三是风化作用。风化作用中早先形成的矿物可在阳光、大气、水的作用下风化成一些在地表条件下稳定的其他矿物，如高岭石、硬锰矿、孔雀石、蓝铜矿等。金属硫化物矿床经风化产生的$CuSO_4$和$FeSO_4$溶液，渗至地下水面以下，再与原生金属硫化物反应，可产生含铜量很高的辉铜矿、铜蓝等，从而形成铜的次生富集带。化学沉积中，可形成石膏、石盐、钾盐、硼砂、鲕状赤铁矿、肾状硬锰矿等矿物。生物沉积可形成如硅藻土（蛋白石）

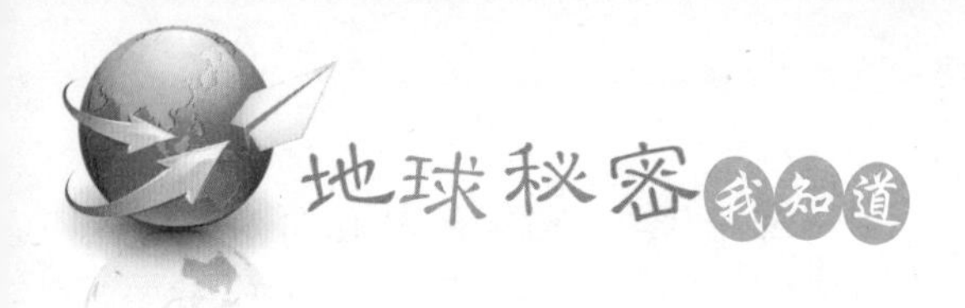

孔雀石

石榴子石

等矿物。

四是区域变质作用。区域变质作用形成的矿物具有“结构紧密、比重大和不含水”的特点。在接触变质作用中，当围岩为碳酸盐岩石时，可形成夕卡岩。夕卡岩是由钙、镁、铁的硅酸盐矿物如透辉石、透闪石、石榴子石、符山石、硅灰石、硅镁石等组成。区域变质作用的后期常伴随着热液矿化，从而形成铜、铁、钨和多金属矿物的聚集。围岩为泥质岩石时，可形成红柱石、堇青石等矿物。

## 矿物的组合与命名

矿物在空间上的共存称为组合。组合中的矿物属于同一成因和同一成矿期形成的，则称它们是共生，否则称为伴生。研究矿物的共生、伴生、组合与生成顺序，有助于探索矿物的成因和生成历史。就同一种矿物而言，在不同的条件下形成时，其成分、结构、形态或物性上可能显示不同的特征，称为标型特征，它是反映矿物生成和演化历史的重要标志。

矿物的命名法则主要有：中国习惯上把具金属或半金属光泽的、或可以从中提炼出某种金属的矿物，称为某某“矿”，如方铅矿、黄铜矿；把具玻璃或金刚光泽的矿物，称为某某“石”，如方解石、孔雀石；把硫酸盐矿物，常称为某“矾”，如胆矾、铅矾；把玉石类矿物，常称为某“玉”，如硬玉、软玉；把地表松散矿物，常称为某“华”，如砷华、镍华、钨华。

另外在矿物的具体命名方面，又有各种不同的依据。比如，有的

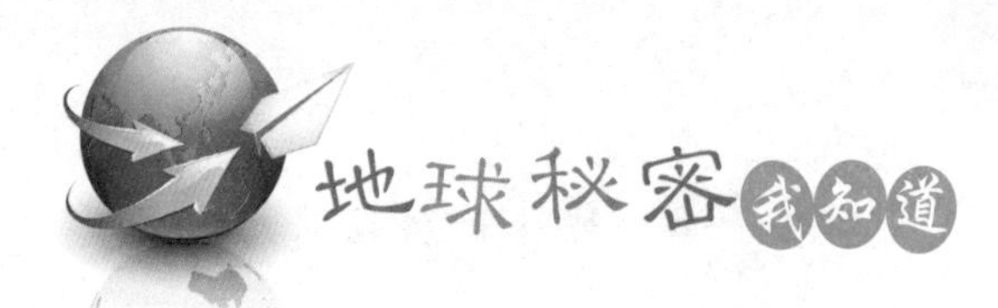


依据矿物本身的特征，如成分、形态、物性等命名；有的以发现、产出该矿物的地点或某人的名字命名，如锂铍石（成分）、金红石（颜色）、重晶石（比重大）、十字石（双晶形态）、香花石（发现于湖南临武香花岭）、彭志忠石（纪念结晶学家和矿物学家彭志忠）等。矿物的中文名除少数由中国学者发现和命名（如锂铍石、香花石、彭志忠石等）以及沿用中国古代名称（如石英、云母、方解石、雄黄等）外，主要来源于外文名称。其中有的为意译，如金红石、重晶石、十字石等；少数为音译，如埃洛石等；大多数则根据矿物成分，间或考虑矿物的物性、形态等特征定名，如硅灰石、黝铜矿等；另外还有音译首音节加其他考虑因素的译名，如拉长石等。

金红石

# 美丽宝石的分类

宝石是岩石中最美丽最贵重的。宝石颜色鲜艳，质地晶莹，光泽灿烂，坚硬耐久，赋存稀少，是制作首饰的天然矿物晶体，如金刚石、红宝石、蓝宝石、祖母绿、玛瑙、欧泊。另外如琥珀、珍珠、珊瑚、煤精和象牙，也属于广义的宝石。

宝石的概念有广义和狭义之分。广义的宝石和玉石不分，泛指宝石，指的是色彩瑰丽、坚硬耐久、稀少，并可琢磨、雕刻成首饰和工艺品的矿物或岩石，包括天然的和人工合成的。狭义的有宝石和玉石之分，宝石指的是色彩瑰丽、晶莹剔透、坚硬耐久、稀少，并可琢磨成宝石首饰的单矿物晶体，包括天然的和人工合成的，如钻石、蓝宝石等；而玉石是指色彩瑰丽、坚硬耐久、稀少，并可琢磨、雕刻成首饰和工艺品的矿物集合体或岩石，如翡翠、软玉、独山玉、岫玉等，既包括天然的，又包括人工合成的。

玉石具有鲜艳色彩，坚硬而细腻的质地，抛光后有美丽的光泽等特性。玉石也有狭义和广义之分，狭义仅指硬玉（以缅甸翡翠为代表）和软玉（以和田玉为代表）；广义则包括许多种用于工艺美术雕琢的矿物和岩石。而对于一种特殊的岩石——彩石来说，则是指大理石等颜色和质地较美观、细腻，硬度较低，光泽不强但能符合加工工艺要求的低档工艺美术石材。有的矿物学者主张将彩石包括在广义的玉石之中。

按照宝石的概念和必须具备的条件，目前世界上能被用作宝石的矿物、矿物集合体和岩石有200多种。其常见的宝石分类有：玉——从色彩上分为白玉、碧玉、青玉、墨玉、黄玉、黄岫玉、绿玉、京白玉等；从地域上分为新疆玉（和田玉）、河南玉、岫岩玉（新山玉）、澳洲玉、独山玉、南方玉、加拿大玉等，其中新疆和田玉是我国的特产。玛瑙——从色彩上分为白、灰、红、兰、绿、黄、羊肝、胆青、鸡血、黑玛瑙等；从花纹上分为灯草、藻草、缠丝、玳瑁玛瑙等。其中含有水的玛瑙，称

玛瑙雕刻的“鱼”纹水盂

为水胆玛瑙。宝——分为钻石、红宝石、兰宝石、祖母绿、海蓝宝石、猫眼宝石、变色宝石、黄晶宝石、欧珀、碧玺、尖晶宝石、石榴石宝石、锆石宝石、橄榄绿宝石、翡翠绿宝石、石英猫眼、长石宝石等。珠——分为珍珠、养珠，均相应包含海水养珠、淡水养珠两种。晶——分为水晶、紫水晶、黄水晶、墨晶、茶晶（烟水晶）、软水晶、鬃晶、发晶。翡翠——具有紫、红、灰、黄、白等色，以绿色为贵，是缅甸的特产。珊瑚——分为红、白两色，是种海底腔肠动物化石，我国台湾出产的最著名。石——分为绿松石、青金石、芙蓉石、木变石（虎皮石）、桃花石（京粉翠）、孔雀石、兰纹石、羊肝石、虎睛石、东陵石等，其中绿松石是我国湖北郧阳的名产。

## 地球土壤里的秘密

土壤位于地球陆地表面，是具有一定肥力，能够生长植物的疏松层。土壤是陆地植物生长的基地，是人类从事农业生产的物质基础。土壤是在各种陆地地形条件下的岩石风化物经过生物、气候诸多自然要素的综合作用以及人类生产活动的影响而生成的。土壤由各种不同大小的矿物颗粒，各种不同分解程度的有机残体、腐殖质，以及生物活体、各种养分、水分和空气等组成。土壤具有供应、协调植物生长发育所需的水分、养分、空气和热量的能力，这种能力称为土壤肥力。

从土壤地理学的角度来说，土壤是由矿物质、有机质、水分和空气组成的三相多孔体系。其中，

伊利石

矿物质和有机物质组成固相，约占50%，气相存在于未被水分占据的土壤空隙中。接下来，我们就对土壤里的矿物质、有机质、水分和空气加以说明。组成土壤的矿物质是指含钠、钾、钙、铁、镁、铝等元素的硅酸盐、氧化物、硫化物、磷酸盐；土壤矿物按成因分为原生矿物和次生矿物，前者由物理风化而成，后者经化学风化而成；土壤中普遍存在的次生矿物是粘土矿，亦称层状硅酸盐，它是构成土壤粘粒的主要成分，主要有伊利石、蒙脱石、高岭石、绿泥石、叶腊石等。

土壤有机物质包括动植物死亡以后遗留在土壤中的残体、施入的有机肥料和经过微生作用所形成的腐殖质。腐殖质占土壤中有机物质的70%～90%，对土壤的肥力影响很大。土壤中有机物质的转化主要由微生物负责。土壤有机质分为残落物、腐殖质两大类。其中“残落物”是指植物的枯枝落叶或动物的尸体，其分解作用并未开始。“腐殖质”是指半分解的残落物，呈黑色或褐色。土壤有机质中以腐殖质最重要，是由C、H、O、N和少量S元素组成的具有多种官能团的天然络合剂。目前研究最多的腐殖质有腐殖酸、富里酸、胡敏素三种；腐殖质能与金属离子结合；土壤中的腐殖质强烈吸着水中的溶质，且对多价阳离子有特殊的亲和力；土壤中腐殖质的存在使土壤具有一定的净化能力。

土壤中的水可分为束缚水、自由水两种。束缚水又细分为吸湿水、膜状水；自由水则分为毛管水、重力水。束缚水是水分受土粒间的吸力所阻，不轻易在土壤中移动；吸湿水是被矿物吸收的水分；膜状水是被吸引在土粒间呈薄膜状的水分；自由水是在土壤中自由移动的水分；水分受重力作用而向下移动，称为重力水；在气候干旱地区，蒸腾率大于下渗率，水分会在泥土中向上移动，称为毛管水。水是土壤的载体，携带植物必需的营养成分从固相土壤颗粒进入植物根部、茎部、叶部，最后进入大气。水存在于土壤孔隙中，被粘土颗粒吸附，土壤中大量水分的存在不利于多数植物的生长，因为根部缺氧。土壤中的水分移动能够影响泥土中的养分分布和土壤的肥力，对植物生长有重要影响。

土壤中的空气对植物的生长和微生物的活动有很大的影响。任何植物在生长期对土壤空气都有一定需求。土壤空气来自大气，但由于生物活动的影响，土壤空气与大气的组成有差异。土壤空气通常湿度较高、二氧化碳成份较高、氧气成份较少。一般来说，土壤是一个多孔体，在孔隙里主要贮存着水分和空气。土壤中空气和水分的数量是相对的。雨天时，土壤孔隙大部为水分占据，空气稀少。晴天时，土壤中的水分大量消耗，空气增加。

## 揭密雕刻地球的力量

在地理学界，有人把地球的内部力量称为地表形态的塑造者，把

火山喷发

地球的外部力量称为地表形态的雕刻师。之所以这么说，是由于内部力量也就是在内力作用的碰撞、挤压等作用下，会产生山脉等地表形态，使地表发生大的变化，所以地理学家把地球的内部力量叫做“塑造者”；而地球的外力作用如风、雨水、河流等通过风化、侵蚀等使地表形态发生细微的变化，所以把地球的外部力量叫做“雕刻师”。

一般来说，地球的内力作用（内部力量），其能量来源于地球本身（主要是地球内部的热能）。主要表现形式有地壳运动、岩浆活动、变质作用、地震、火山等。地球的内力作用（内部力量）对地表形态的影响主要有：建设地壳，使地壳隆起或凹陷，形成高山或盆地；控制地表基本形态，使地表趋于凹凸不平。地球的外力作用（外部力量），其能量来源于地球外部（主要是太阳能）。主要表现形式有风化、侵蚀、搬运、沉积、成岩。对地表形态的影响主要有：破坏地壳，改变地表的原始形态，把高山削低，盆地填平。

总的说来，地球的内力作用（内部力量）与地球的外力作用（外部力量）之间的关系是：同时作用于地壳，从相反方向改变地表形态；内外力作用共同进行；在同一地区不同时期，或不同地区同一时期，可能会以某种作用占优势。一般来说，内力作用在地壳发展变化中起主导作用。因此地球的内部力量称为地表形态的塑造者，起着主导地球外貌的主要角色；而地球外部力量称为形态的雕刻师，只是作出一些细节上的、局部的雕刻、修饰。

## 地理学百花园

### 千奇百怪的地貌景观

1．路南石林。石林就是石头组成的森林，它是大自然的风雨、水流长期对石灰岩溶蚀而成的奇特地貌。我国是石林之邦，有四川兴文石林、云南路南石林、浙江淳安石林、福建大湖石林这四大石林。其中以云南路南石林最有名，该石林中还有被称为传说中的阿诗玛的亭亭玉立之像，被誉为“天下第一奇观”。

2．天然“长城”。坐落在桂黔湘三省交界处的崇山峻岭中，长达300

路南石林

多千米，高度在10米至30米之间，层层叠叠的巨石危崖兀立，浑朴自然。

3．大漠“古堡”。坐落在新疆塔里木盆地罗布泊。由于长年飞沙走石、气候干热，形成了神奇的风蚀“古堡”景观。这里有各种奇特的石柱、石杆、断垣残墙、曲折坑道、石格窗、石蘑菇、石塔、石球等，令人浮想联翩。

4．穿洞奇景。坐落在贵州翁安县境内的峡谷中。瀑布下的河底有一洞穿河而过，洞内石景奇妙，外望瀑布，水帘悬挂，蔚为奇观。

5．云南土林。主要是由雨水侵蚀、冲刷、分割而成，如云南的永德土林及元谋的班果土林。其中班果土林含有多种矿物质，在太阳照射下，

云南土林

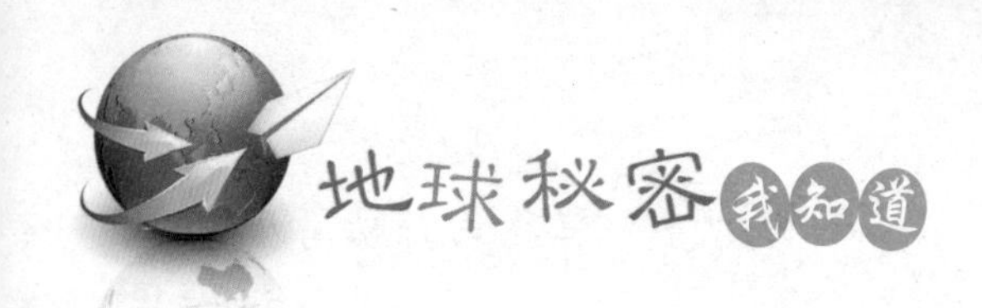


闪光耀彩，变幻无穷，神奇迷人。

6．神奇漩塘。坐落在贵州安顺龙宫风景区。这个直径百余米的水塘，水流按照顺时针慢慢旋转，约三四分钟转一圈。

7．梯形瑶池。坐落在川西的松潘县。池间有钙华堤坝隔栏，池内水清见底，钙华中含有不同的元素，色彩多变，当水浅日照时，池水坝面折射出七彩之色。

8．瀑里飞瀑。坐落在南美伊瓜苏河上，幅宽4000米，是世界上最宽的瀑布。远望如一匹巨幅白布，瀑布被河心岩石分隔为275股小飞瀑，就像被一把大梳子梳过似的。

9．声色奇观。如敦煌的鸣沙山，就是一座声色兼具的怪山。晴朗之日，它会发出音响，声似管弦鼓乐，夜登此山能看到五彩缤纷的火花。在广西靖西县有一怪石，远观若一头牛伏首俯望。巨石表面光滑，中间和底部有许多天然洞孔，向小洞吹气，巨石便会发出阵阵“哞哞”的牛叫声。

10．火山。火山爆发是自然界最壮观的景象。我国已发现600多座火山，只有少数是休眠的活火山，如黑龙江德都的老黑山和火烧山。两百多年前它们最后一次喷发时，塑造出了五大连池。另外还有山西大同、云南腾冲、台湾大屯等火山群。

# 第二章

# 千姿百媚的地球景观

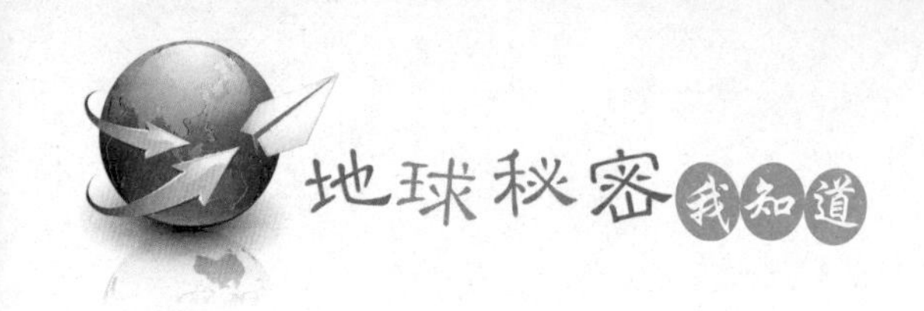


地球是地理科学的研究对象，而“地理学”就是研究地球表面的地理环境中各种自然现象和人文现象，以及它们之间相互关系的学科。汉语“地理”一词最早见于《易经》。中国古代最早的地理书籍是《尚书·禹贡》《山海经》。人类古代的地理学主要探索有关诸如地球的形状、大小的测量方法，以及对已知的地区和国家的地理现象的描述。总的来说，现代地理学既研究地球表面同人类相关的地理环境，又研究地理环境与人类的关系，具体地说就是：其一是研究地球表面，诸如地理壳、景观壳、地球表层、大气圈、岩石圈、水圈、生物圈、人类圈、陆地、海洋、山脉、大陆架、气候、植被；其二是研究人类生活，诸如乡村、集镇、城市、人种；其三是研究世界政区，诸如大洲、国家、各国首都、省、自治区、特别行政区、联盟、市、县、郡、城市、城镇、村落等。总之，地理学是一门既有自然（自然地理），又有人文（人文地理）的大科学。在地理学中，地球上的景观是地理学的研究重点，而且由于这些景观的声色兼具、景象迷人、富有魅力，从而成为人类极其感兴趣的关注对象。本章我们就以地球景观为话题来分别说一说诸如山脉、河流、瀑布、湖泊、沼泽、沙漠、南北极、雨林、土著居民、草原、海洋等神奇、有趣的地理景象，以满足读者“欲知天下、欲行天下”的渴望。

# 地球上的神奇山脉

山脉是沿一定方向延伸，包括若干条山岭和山谷组成的山体，因像脉状而称为山脉。山脉是相连的山体的统称，是由于板块相互挤压使得地壳隆起而形成，这类山脉称为褶皱山脉。如喜马拉雅山脉即是由于亚欧板块受印度板块的冲撞而形成的。而由火山作用所形成的

青藏高原

贡嘎山脉

通常是独立的山峰，但一连串的火山活动也会形成山脉，如夏威夷群岛。山脉是由于地壳运动中的内应力作用，使其有明显的褶皱，从而区别于山地。山地是在一定的力的作用下，褶皱现象不明显。构成山脉主体的山岭称为主脉，从主脉延伸出去的山岭称为支脉。几个相邻山脉组成一个山系，如喜马拉雅山系，就包括柴斯克山脉、拉达克山脉、西瓦利克山脉和大小喜马拉雅山脉。

地球上的山还有诸如“山系”“山脉”“山结”“山原”“山嘴”“山峰”“山口”“山谷”等区别。其中“山系”，是指沿一定方向延伸，在成因上相联系，有规律分布的若干相邻山脉的总称。“山脉”，是指沿一定方向的若干相邻山岭并有规律分布的山体总称。由于外观很像血脉，因而得名为“山脉”。“山结”，是指多条山脉的交汇地，如我国的帕米尔地区的“山结”，就是由昆仑山、天山、喀喇昆仑山和兴都库什山交汇而成。“山原”，是指构造复杂，海拔高度较大的辽阔高地，常为山脉、山系、高原和盆地交错的综合体，如我国的青藏高原就是世界最大的山原。山区曲折的V形谷地向河流凸出并同山岭相连的坡带，称为“山嘴”，分为“交错山嘴”、“曲流山嘴”和“削平山嘴”。“山峰”，一般指尖状山顶并有一定高度，多为岩石构成。也有断层，褶皱或铲状，有的是火山锥。“山口”，又称垭口，指高大山岭或山脊的鞍状坳口，常由侵蚀造成。“山谷”，指山地中较大的条形低凹部分，主要由构造作用、流水或冰川侵蚀造成，按结构可分为断层谷、向斜谷、背斜谷等。

地球上的山按高度分为高山、中山和低山。“高山”是指山岳主峰的相对高度超过1000米，“中山”是指其主峰相对高度在350米至1000米，“低山”是指主峰相对高度在150米至350米。而如果主峰相对高度低于150米，则称为丘陵岗地。另外，地球上的山按成因分为构造山、侵蚀山和堆积山。世界上著名的山脉有亚洲的喜马拉雅山脉、欧洲的阿尔卑斯山脉、北美洲的科迪勒拉山脉、南美洲的安第斯山脉等。其中喜马拉雅山脉为世界上最大的山脉，它的主峰珠穆朗玛峰海拔8844.43米，是世界上最高的山峰。而美洲的科迪勒拉山脉与安第斯山脉相连，全长1.7万公里，是世界上最长的山系。

# 矗立东方的中国五岳

我国民间与句俗话，叫做人要有“五岳之志”，要“踏遍三山五岳”。古人称高大的山为“岳”，“五岳”是就中国五大名山的总称，包括东岳泰山、西岳华山、南岳衡山、北岳恒山和中岳嵩山。传说五岳是神仙居住的地方，古代的帝王都要前往祭祀。唐玄宗曾御封五岳为王，宋真宗御封五岳为帝，明太祖则尊五岳为神。五岳中以泰山最受尊崇，有“五岳独尊”的美誉，历代帝王常到泰山的岱庙举行隆重的封禅大典。下面我们就来一一解密我国的五岳。

### ◆ 东岳泰山

泰山，又称岱山、岱宗、岱岳、东岳、泰岳。泰山之称最早见于《诗经》，“泰”意为极大、通畅、安宁。泰山同衡山、恒山、华

泰山天梯

山、嵩山合称五岳，因地处东部，故称东岳。泰山北依济南，南临曲阜，东连淄博，西滨黄河。泰山有着深厚的文化内涵，其古建筑主要为明清风格，将建筑、绘画、雕刻、山石、林木融为一体，是历代帝王封禅祭天的神山，享有“五岳之长”的称号。佛道两家给泰山留下了众多名胜古迹，道教称其为第二小洞天。泰山面积达426平方千米，主峰玉皇顶海拔1532.7米，气势雄伟，有“天下第一山”美誉。

泰山的名胜古迹数不胜数，摩崖碑碣遍布山中。泰山风景区包括幽区、旷区、奥区、妙区、秀区、丽区六大风景区。其中，幽区是指中路旅游区，是最富盛名的登山线路，共有6290级台阶。主要景点包括岱宗坊、关帝庙、一天门、孔子登临处、红门宫、万仙楼、斗母宫、经石峪、壶天阁、中天门、云步桥、五松亭、望人松、对松山、梦仙龛、升仙坊、十八盘等。旷区是指西溪景区，是登山的西路。主要景观有黄溪河、长寿桥、无极庙、元始天尊庙、扇子崖、天胜寨、黑龙潭、白龙池等。妙区主要景观有南天门、月观峰、天街、白云洞、孔子庙、碧霞祠、唐摩崖、玉皇顶、探海石、日观峰、瞻鲁台等。奥区主要景点有八仙洞、奶奶庙、独足盘、天烛峰、九龙岗、黄花洞、莲花洞、尧观台、鸳鸯松、卧龙松、飞龙松、姊妹松等。丽区主要景观有双龙池、遥参亭、岱庙、岱宗坊、王母池、关帝庙、普照寺、五贤祠、汉明堂、三阳观等。秀区主要景点有桃花峪、樱桃圆、三岔涧、猛虎沟、彩带溪、后寨门、吴道人庵。另外还有白菜、豆腐、水、肥城桃、泰山板栗、宁阳大枣、沉香狮子、温凉玉、黄釉瓷葫芦、泰山参、泰山核桃、泰山大货山楂、泰山红玉杏、泰山美人梨、鹿角菜、赤鳞鱼等泰山特产。

◆ **西岳华山**

华山古称太华山，又称西岳华山、莲花山。华山的西边是终南山，其中欢乐谷即是鬼王钟馗的故里。华山海拔2154.9米，居五岳之首，位于陕西华阴县境内，北临渭河平原和黄河，南依秦岭，是国家级风景名胜区。华山雄伟奇险，山势峻峭，自古就有“华山天下险”的说法。最早述及华山的古书，是《尚书·禹贡》，最初叫“惇物山”。因周平王迁都洛阳，华山在东周京城之西，故称“西岳”。《尚书》记载华山是“轩辕皇帝会群仙之所”。黄帝、虞舜都曾到华山巡狩。魏晋南北朝时，还没有通向华山峰顶的道路。直到唐朝，随着道教兴盛，才开始居山建观，逐渐在北坡沿溪谷而上开凿了一条险道，形成了“自古华山一条路”。

华山由中（玉女）、东（朝阳）、西（莲花）、南（落雁）、北（五云）五个山峰组成。古人称华山三峰，指的是东西南三峰。其中，东峰海拔2096.2米，是华山著名的观日出的地方，人称朝阳台。

华　山

东峰有景观数十余处，著名景观有华岳仙掌、杨公塔、青龙潭、甘露池、三茅洞、清虚洞、八景宫、太极东元门等。南峰海拔2154.9米，是华山最高峰，也是五岳最高峰，古人尊称它是“华山元首”。著名景观有松桧峰、落雁峰、孝子峰、仰天池、黑龙潭、安育真人龛、迎客松、白帝祠、八卦池、南天门、朝元洞、长空栈道、全真岩、避诏岩、鹰翅石、杨公亭等。西峰海拔2082.6米，因峰巅有巨石形状好似莲花瓣，又称莲花峰、芙蓉峰。著名景观有小苍龙岭、翠云宫、莲花洞、巨灵足、斧劈石、舍身崖等。北峰海拔1614.9米，著名景观有真

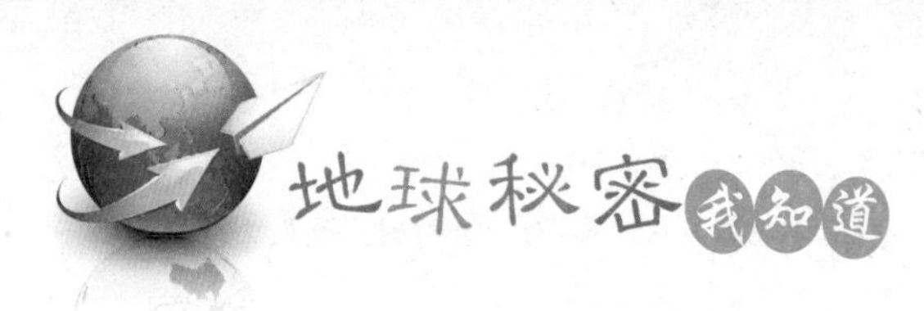


武殿、焦公石室、长春石室、玉女窗、仙油贡、神土崖、倚云亭、老君挂犁处、铁牛台、白云仙境石牌坊等。中峰2037.8米，著名景观有玉女祠、玉女崖、玉女洞、玉女石马、玉女洗头盘等。另外还有华山剪纸、华山皮影、华山刺绣等特产。

### ◆ 北岳恒山

恒山，又名常山、恒宗、元岳、紫岳、太恒山、大茂山，位于

恒山悬空寺

山西浑源县。据《尚书》记载：舜帝北巡时，封北岳为万山之宗主；先后有秦始皇、汉武帝、唐太宗、唐玄宗、宋真宗封北岳为王、为帝，明太祖尊北岳为神。恒山以道教闻名，为道教第五洞天，茅山道的祖师大茅真君茅盈曾于汉时入山隐居修炼数载。相传我国神话中的古代道教神仙之一的张果老就是在恒山隐居潜修。恒山古有十八胜景，即磁峡烟雨、云阁虹桥、云路春晓、虎口悬松、果老仙迹、断崖啼鸟、夕阳晚照、龙泉甘苦、幽室飞窟、石洞流云、茅窟烟火、金鸡报晓、玉羊游云、紫峪云花、脂图文锦、仙府醉月、弈台弄琴、岳顶松风等，以及世界一绝的天下奇观“悬空寺”。

北岳庙是恒山庙中最宏伟的一座，位于恒山主峰大峰岭南面的石壁之下，门前有103级石阶。庙门有“贞元之殿”四个大字；门侧有长联，上联为：“恒岳万古障中原惟我圣朝归马牧羊教化已隆三百载”；下联是“文昌六星联北斗是真人才雕龙绣虎光芒雄射九重天”。北岳庙内有北岳大帝塑像。悬空寺位于北岳恒山脚下的金龙峡内西岩峭壁上，创建于北魏后期。悬空寺内塑像颇多，有铜铸、铁铸、泥塑、石雕共78尊，具有唐、明风韵。三教殿内，释迦牟尼、老子、孔子三教台流，共居一室，耐人寻味，堪称中国宗教史上的一段佳话。悬空寺内有朝殿、会仙府、碧霞宫、纯阳宫、楼台亭、寝宫、梳妆楼、御碑亭等景观。

### ◆ 中岳嵩山

嵩山位于河南登封市西北，总面积450平方千米，东依郑州，西临洛阳，北临黄河，南靠颍水。由太室山和少室山组成，最高峰峻极峰1491.7米，又名为外方山、嵩高山、崇高山。嵩山有太阳、少阳、明月、玉柱、万岁、凤凰、悬练、

嵩　山

卧龙、玉镜、青童、黄盖、狮子、鸡鸣、松涛、石幔、太白、罗汉、白鹿等72峰。嵩山属伏牛山系，先后经历了“嵩阳运动”“中岳运动”“少林运动”等地壳运动。地质史上的太古宙、元古宙、古生代、中生代、新生代的地层和岩石均有出露，被地质学界称为“五世同堂”。嵩山古生物化石十分丰富，在嵩山既有海象生物化石，也有陆象生物化石，还有古脊椎动物化石。蕴藏了丰富的煤、铝、铁、麦饭石等矿产资源。

嵩山群峰挺拔，景象万千，由峰、谷、涧、瀑、泉、林等构成“八景”“十二胜”。八景是嵩门待月、轩辕早行、颍水春耕、箕阴避暑、石淙会饮、玉溪垂钓、少室晴雪、卢崖瀑布。唐代曾有诗云：“月满嵩门正仲秋，轩辕早行雾中游。颍水春耕田歌起，夏避箕险潺暑收。石淙河边堪会饮，玉溪台上垂钓钩。余雨少室观晴雪，瀑布崖前墨浪流”。“龙潭贯珠琼将流，嵩阳洞天景色幽。少室夕照垂金钱，御寨日落苍谷口。石池高耸云崖畔，石僧迎实站山头。石笋闹林柏涛滚，珠廉飞瀑震山吼。高峰虎踞云天啸，猴子观天盼解咒。熊山积雪稍奇观，峻极远眺天地悠。”

嵩山中部以少林河为界，东为太室山，西为少室山。太室山位于河南登封市北，为嵩山东峰，海拔1440米。据传，禹王的第一个妻子涂山氏生启于此，山下建有启母庙，故称为“太室”。太室山共有三十六峰，主峰“峻极峰”。少室山，距太室山约10千米。据说，夏禹的第二个妻子，涂山氏之妹栖于此，山下建少姨庙，故山名“少室”。少室山主峰御寨山，海拔1512米，为嵩山最高峰，山北五乳峰下有声威赫赫的少林寺。嵩山被誉为我国历史发展的博物馆，儒、释、道三教荟集，拥有众多的历史遗迹。其中有禅宗祖庭——少林寺；现存规模最大的塔林——少林寺塔林；现存最古老的塔——北魏嵩岳寺塔；现存最古老的阙——汉三阙；树龄最高的柏树——汉封“将军柏”；现存最古老的观星台——告城元代观星台。另外还烧饼、芥丝、三楂红等嵩山特产。

### ◆ 南岳衡山

衡山位于湖南衡阳市南岳区，海拔1300.2米，处处是茂林修竹，终年翠绿、奇花异草，四时飘香，因而有“南岳独秀”的美称。衡山由长沙岳麓山、衡阳回雁峰等72座山峰组成，被称作“青天七十二芙蓉”。南岳四季长青，就像一个天然的庞大公园，有金钱松、红豆杉、伯乐树、银鹊树、香果、白擅、青铜、香樟、梭罗、枫林、藤萝等各种植物，达1700多种。其中

南岳大庙

福严寺的银杏相传受戒于六朝时的慧思禅师，树龄有1400多年。

南岳的胜景概括为“南岳八绝”，即“祝融峰之高，藏经殿之秀，方广寺之深，磨镜台之幽，水帘洞之奇，大禹碑之古，南岳庙之雄，会仙桥之险”。南岳还是佛教圣地，有寺、庙、庵、观200多处。南岳大庙是中国江南最大的古建筑群，占地9800多平方米，仿北京故宫形制，供奉着“南岳司天昭圣帝”，即祝融神君。祝圣寺与南台寺、福严寺、上封寺、清凉寺等，合称为南岳六大佛教丛林。清康熙年间作为皇帝的行宫，更名祝圣寺。另外还有广浏寺、湘南寺、丹霞寺、铁佛寺、方广寺、传法院、福严寺、南台寺、藏经殿、方广寺等。衡山还是著名的道教名山，道教称第三小洞天，岳神为司天王，有七十二峰，以祝融、紫盖、芙蓉、石廪、天柱五峰为著，有黄庭观、上清宫、降真观、九真观等。衡山民俗文化有抢头香、南岳庙会、朝寿佛、南岳香期；特产有南岳云雾茶、观音笋、广柑、蜜桔、白术、黄精、党参、白芍、田七、天麻、玄参、灵芝、猕猴桃、雁鹅菌。

## 欧洲圣山——阿尔卑斯山

阿尔卑斯山是欧洲最高大的山，位于欧洲南部，呈弧形，东西延伸，长约1200多千米。平均海拔3000米，最高峰勃朗峰海拔4810米。阿尔卑斯山西起法国东南部的尼斯，经瑞士、德国南部、意大利北部，东到维也纳盆地。耸立于法国和意大利之间的主峰勃朗峰，海拔4810米，是欧洲第一高峰，素有欧洲屋脊的称号。欧洲许多大河都发源于此，水力资源丰富。如多瑙河、莱茵河、波河、罗讷河都发源于此。

阿尔卑斯山区是古地中海的一部分，高大的褶皱山脉也是在喜马拉雅造山运动中形成的。早在1.8亿年前，由于板块运动，北大西洋扩张，南面的非洲板块向北面推进，古地中海下面的岩层受到挤压弯曲，向上拱起，由此造成的非洲和欧洲间相对运动形成的阿尔卑斯山系。阿尔卑斯山除了主山系外，还有四条支脉伸向中南欧各地。向西一条伸进伊比利亚半岛，称为比

白雪覆盖的阿尔卑斯山

利牛斯山脉；向南一条为亚平宁山脉；东南一条称迪纳拉山脉，纵贯整个巴尔干半岛的西侧，并伸入地中海，经克里特岛和塞浦路斯岛直抵小亚细亚半岛；东北一条称喀尔巴阡山脉，在东欧平原的南侧自保加利亚直临黑海。

阿尔卑斯山的气候是中欧温带大陆性气候和南欧亚热带气候的分界线。山地气候冬凉夏暖。大致每升高200米，温度下降1℃，在海拔2000米处年平均气温为0℃。海拔3200米以上为终年积雪区。阿尔卑斯山区常有焚风出现，引起冰雪迅速融化或雪崩而造成灾害。阿尔卑斯山的植被呈明显的垂直变化。山区居民，西部为拉丁民族，东部为日耳曼民族。动物有阿尔卑斯大角山羊、山兔、雷鸟、小羚羊和土拨鼠等。阿尔卑斯山脉山区的交通很发达，布伦纳山口、辛普朗山口、圣哥达山口等，自古以来就是南北交通的要道。1922年竣工的瑞士和意大利间的辛普朗隧道，长19.8千米，是世界上最长的隧道之一。1980年建成的圣哥达隧道，长16.3千米，为世界上最长的公路隧道。

阿尔卑斯山是世界著名的风景区和旅游胜地，被称为“大自然的宫殿”和“真正的地貌陈列馆”。还是冰雪运动的圣地，探险者的乐园。阿尔卑斯山是欧洲最大的山地冰川中心，覆盖着厚达1千米的冰盖。冰蚀地貌尤为典型，许多山峰角峰锐利，山石嶙峋，有许多冰川侵蚀作用形成的冰蚀崖、角峰、冰斗、悬谷、冰蚀湖等以及冰川堆积作用的冰碛地貌。阿尔卑斯山麓瑞士西南的阿莱奇冰川最大，长约22.5千米，面积约130平方千米。山地冰川是登山、滑雪、旅游胜地。阿尔卑斯山地冰川作用形成许多湖泊，主要有莱芒湖、四森林州湖、苏黎世湖、博登湖、马焦雷湖和科莫湖。阿尔卑斯山的冬季滑雪运动吸引大量游客。除1928年和1948年的冬季奥林匹克运动会外，1934年、1948年、1974年和2003年的世界滑雪锦标赛均在此举办。奥林匹克雪橇赛和克莱斯特雪橇赛，都指定这里为比赛场地。

## 地理学百花园

### 中国山脉知多少

我国是个多山国家，地貌形态复杂。尤其是在我国的西南地区与中

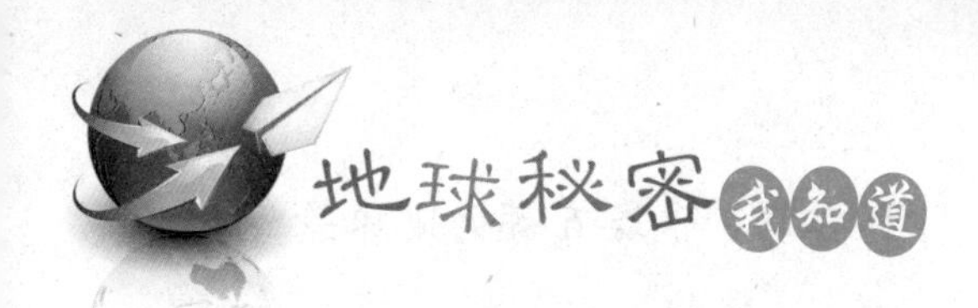


部地区，分布有大量的山脉。从全国范围来说，我国的知名山脉主要有喜玛拉雅山、昆仑山、天山、秦岭、大兴安岭、太行山、祁连山、横断山和南岭等山脉或山系。另外还有阿尔金山、阿尔泰山、哀牢山、艾山、巴颜喀拉山、宝台山、博平岭、薄刀岭、长白山、徂徕山、大巴山、大别山、大黑山、大凉山、大娄山、大苗山、大南山、大盘山、大青山、阴山、大雪山、大瑶山、大泽山、大庾岭、玳瑁山、戴云山、丹桂山、邓峡山、吊罗山、动官山、都庞岭、俄鬃岭、峨眉山、凤凰山、伏牛山、岗底斯山、高黎贡山、公母山、海洋山、海子山、合黎山、贺兰山、衡山、猴猕岭、滑石山、华山、华蓥山、怀玉山、黄山、灰腾梁山、会稽山、夹金山、锦屏山、井冈山、九顶山、九华山、九连山、九岭山、九万大山、鹫峰山、喀喇昆仑山、括苍山、狼山、崂山、老岭山、老山、里岗山、莲花山、六盘山、六万大山、龙岗山、龙门山、龙栖山、龙泉山、龙首山、龙王洞山、娄山、鲁山、吕梁山、罗平山、罗山、罗霄山、马鬃山、茅山、萌渚岭、蒙山、孟良崮、米仓山、岷山、木拉山、幕阜山、念青唐古拉山、牛岭山、牛首山、牛头山、老虎山、怒山、唐古拉山、普陀山、七老图山、千里岗山、邛崃山、雀儿山、色尔腾山、沙鲁里山、十万大山、四明山、句余山、天台山、松岭山、索龙山、太姥山、太岳山、泰沂山、天露山、天目山、天平山、泰山、乌鞘岭、巫山、五桂山、五岭、五指山、武功山、武陵山、武夷山、西倾山、仙霞岭、香山、崤山、小凉山、小相岭、小兴安岭、兴都库什山、熊耳山、雪峰山脉、雅加大岭、雁荡山、燕山、瑶山、沂蒙山、沂山、宜溧山、阴山、鹦哥岭、越城岭、云开大山、云台山、云雾山、舟山、竹嵩岭、子午岭山。

# 美洲的珠链——安第斯山脉

安第斯山脉长约9000千米，是喜玛拉雅山脉的三倍半。安第斯山脉属科迪勒拉山系，这个山系从北美一直延伸到南美，全长18 000千米，是世界最长的山系。安第斯山脉有许多海拔6000米以上、山顶终年积雪的高峰。阿空加瓜山为安第斯山最高峰，海拔6959米，也是世界上最高的死火山。尤耶亚科火山，海拔6723米，是世界最高的

安第斯山

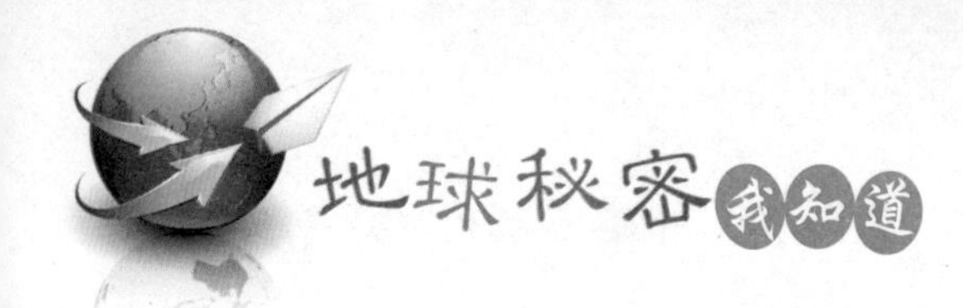


活火山。安第斯山共有40多座活火山。安第斯山脉纵贯南美大陆西部，大体上与太平洋岸平行，其北段支脉沿加勒比海岸伸入特立尼达岛，南段伸至火地岛。跨委内瑞拉、哥伦比亚、厄瓜多尔、秘鲁、玻利维亚、智利、阿根廷等国。

安第斯山系是早期地质活动的新生代期间地球板块运动的结果。地质上属年轻的褶皱山系，形成于白垩纪末至第三纪阿尔卑斯运动，历经多次褶皱、抬升、断裂、岩浆侵入和火山活动，为环太平洋火山、地震带的一部分。安第斯山系从南到北分为3大部分：即南安第斯，包括火地岛和巴塔哥尼亚科迪勒拉；中安第斯，包括智利和秘鲁科迪勒拉；北安第斯，包括厄瓜多尔、哥伦比亚和委内瑞拉、科迪勒拉。安第斯山脉的南段低狭单一，山体破碎，冰川发达，多冰川湖；中段高度最大，夹有宽广的山间高原和深谷，是印加文化的发祥地；北段山脉条状分支，间有广谷和低地。安第斯山最高峰是南美洲诸重要河流的发源地；气候和植被类型复杂多样，富有森林资源以及铜、锡、银、金、铂、理、锌、铋、钒、钨、硝石等重要矿藏。

安第斯山区的主要矿藏有有色金属、石油、硝石、硫磺等。有色金属矿多与第三纪、第四纪火山活动和岩浆侵入有关。最突出的是铜矿，矿区从秘鲁南部至智利中部，为世界最大的斑岩型铜矿床的一部分，世界最大的地下铜矿采矿场就在此山脉中，在地底深达1200米，采矿坑道总长超过2000多千米。石油主要分布在安第斯山北段东侧的山间构造谷地或盆地中。主要矿物有：智利和秘鲁的铜，玻利维亚的锡，玻利维亚和秘鲁的银、铅和锌，秘鲁、厄瓜多尔和哥伦比亚的金，哥伦比亚的铂和祖母绿，玻利维亚的铋，秘鲁的钒以及智利、秘鲁和哥伦比亚的煤和铁。

## 地理学百花园

### 地理学的分支学科

在西欧，地理学分为通论地理学（即部门地理学）和专论地理学（即区域地理学）两部分，通论地理学分出自然地理学和人文地理学。前苏联把地理学分为自然地理学、经济地理学两大分支。一般来说，西方学者把地理学分为自然地理学、人文地理学两部分，或分为自然地理学、经济地理学和人文地理学三部分。

其中，自然地理学包括综合自然地理学、古地理学、地貌学、气候学、水文地理学、土壤地理学、生物地理学、植物地理学、动物地理学、化学地理学、医学地理学、冰川学、冻土学、物候学、火山学、地震学。人文地理学包括社会文化地理学、人种地理学、人口地理学、聚落地理学、社会地理学、文化地理学、宗教地理学、语言地理学；经济地理学包括农业地理学、工业地理学、商业地理学、交通运输地理学、旅游地理学、公司地理学（企业地理学）；另外还有政治地理学、军事地理学、城市地理学、历史地理学、区域地理学、地图学、地名学、方志学、理论地理学、应用地理学、地理数量方法、计量地理学、景观生态学、地理信息系统、地理实察方法等。

# 地球上奔腾咆哮的河流

河流是陆地表面上经常或间歇有水流动的线形天然水道。河流在我国的称谓很多，较大的称江、河、川、水，较小的称溪、涧、沟、曲等。藏语称藏布，蒙古语称郭勒。每条河流都有河源和河口。河源是指河流的发源地，有的是泉水，有的是湖泊、沼泽或是冰川。河口是河流的终点，即河流流入海洋、河流（如支流流入干流）、湖泊或沼泽的地方。在干旱的沙漠区，有些河流河水沿途消耗于渗漏和蒸发，最后消失在沙漠中，这种河流称为瞎尾河。为沟通不同河流、水系与海洋，发展水上交通运输而开挖的人工河道称为运河，也称渠。为分泄河流洪水，人工开挖的河道称为减河。

除河源和河口外，每一条河流根据水文和河谷地形特征可分为上、中、下游三段。一般来说，上游比降大，流速大，冲刷占优势，河槽多为基岩或砾石；中游比降和流速减小，流量加大，冲刷、淤积都不严重，但河流侧蚀有所发展，河槽多为粗砂。下游比降平缓，流速较小，但流量大，淤积占优势，多浅滩或沙洲，河槽多细砂或淤泥。通常大江大河在入海处都会分多条入海，形成河口三角洲。通常把流入海洋的河流称为外流河，补给外流河的流域范围称为外流流域。流入内陆湖泊或消失于沙漠之中的这类瞎尾河称为内流河，补给内流河的流域范围称为内流流域。

河流是在一定地质和气候条

件下形成的。由地壳运动形成的线形槽状凹地为河流提供了行水的场所，大气降水则为河流提供了水源。河流是在河床与水流相互作用下逐渐发展的，一般有侵蚀、搬运和堆积作用。河流侵蚀有三种方式：一是下切侵蚀，又称垂直侵蚀或深切侵蚀，能加深河谷，下切穿透的含水层越多，能得到的地下水补给越丰富。二是侧向侵蚀，又称旁蚀或侧蚀，是水流侵蚀河岸的过程，使河岸后退，沟谷展宽，主要发生在河床弯曲的地方。三是向源侵蚀，又称溯源侵蚀，使河流源头向分水岭推进。当源头达到并切穿分水岭时，可与分水岭另一坡的河流连通，而将它“抢夺”过来，称为河流的袭夺。

侵蚀产生的物质（包括流域坡面上侵蚀的物质）被水流沿河搬运，主要在中下游堆积,形成深厚的冲积层。当河流发展到一定阶段，河床的侵蚀与堆积达到了平衡状态，即水流的能量正好消耗于搬运水中泥沙和克服水流所受阻力。此时河流既不侵蚀，也不堆积，在地质和气候条件比较均一的情况下，河床的纵剖面表现为一条较光滑均匀的曲线，称为平衡剖面。一旦条件发生变化，这种平衡被破坏，河流又向着新的平衡剖面发展。

河流是地球上水分循环的重要路径，对全球的物质、能量的传递与输送起着重要作用。流水还不断地改变着地表形态，形成不同的流水地貌，如冲沟、深切的峡谷、冲积扇、冲积平原及河口三角洲等。在河流密度大的地区，广阔的水面对该地区的气候也具有一定的调节作用。地形、地质条件对河流的流向、流程、水系特征及河床的比降等起制约作用。河流流域内的气候，特别是气温和降水的变化，对河流的流量、水位变化、冰情等影响很大。土质和植被的状况又影响河流的含沙量。一条河流的水文特征是多方面因素综合作用的结果，例如河流的含沙量，既受土质状况、植被覆盖情况的影响，又受气候因素的影响；降水强度不同，冲刷侵蚀的能力就不同，因此在土质植被状况相同的情况下，暴雨中心区域的河段含沙量就相应较大。河流与人类的关系极为密切，河水取用方便，是人类可依赖的最主要的淡水资源。

我国境内的河流，仅流域面积在1000平方千米以上的就有1500多条。主要河流多发源于青藏高原，落差很大，因此水力资源非常丰富，蕴藏量达6.8亿千瓦，居世界第一位。我国河流分为外流河和内流河。外流河，如长江、黄河、黑龙江、珠江、辽河、海河、淮河等向东流入太平洋；雅鲁藏布江向东流出国境再向南注入印度洋，这条河

长 江

有世界第一大峡谷——雅鲁藏布大峡谷；新疆的额尔齐斯河向北注入北冰洋。内流河，如新疆南部的塔里木河，是我国最长的内流河，全长2179千米。我国的东北平原、华北平原、长江中下游平原以及四川盆地内部的成都平原，都是由河流的冲积作用形成的冲积平原。黄土高原上很多地方受流水侵蚀，使地形具有独特的特征。河流为我国的四化建设提供了淡水资源和能源，为农业提供了丰富的灌溉水源。河流还具有养殖、航运之利，并提供了生活及工业用水。

长江是我国第一大河，仅次于非洲的尼罗河和南美洲的亚马逊河，全长6300千米。长江中下游地区气候温暖湿润、雨量充沛、土地肥沃，是重要农业区；长江还是水上运输大动脉，有“黄金水道”之称；黄河是我国第二长河，全长5464千米，历史上曾是我国古代文明的发祥地之一；黑龙江是我国北部的一条大河，全长4350千米；珠江为我国南部的一条大河，全长2214千米。除天然河流外，我国还有一条著名的人工河——京杭大运河，京杭大运河始凿于公元前5世纪，北起北京，南到浙江杭州，沟通海河、黄河、淮河、长江、钱塘江五大水系，全长1801千米，是世界上开凿最早、最长的人工河。

## 地理学百花园

### 世界著名的河流

1．流经国家最多的河流——多瑙河。是世界上流经国家最多的河流。发源于德国西南部黑林山东麓海拔679米的地方，自西向东流经奥地利、捷克、斯洛伐克、匈牙利、克罗地亚、前南斯拉夫、保加利亚、罗马尼亚、乌克兰等9个国家，流入黑海。全长2860千米，是欧洲第二大河。多瑙河两岸有许多美丽的城市，蓝色的多瑙河缓缓穿过市区，古老的教堂、别墅与青山秀水相映，风光优美。

2. 世界最长的河——尼罗河。纵贯非洲大陆东北部，流经布隆迪、卢旺达、坦桑尼亚、乌干达、埃塞俄比亚、苏丹、埃及，跨越世界上面积最大的撒哈拉沙漠，最后注入地中海。全长6650千米，为世界最长河流。尼罗河流域分为东非湖区高原、山岳河流区、白尼罗河区、青尼罗河区、阿特巴拉河区、喀土穆以北尼罗河区和尼罗河三角洲等七个大区。源头是布隆迪东非湖区中的卡盖拉河。

3. 流域面积最大的河流——亚马逊河。亚马逊河流经的亚马逊平原是世界上面积最大的平原。亚马逊河长度仅次于尼罗河，为世界第二大河。亚马逊河沉积下的肥沃淤泥滋养了65000平方千米的地区，流域面积约705万平方千米。

4. 含沙量最大的河——黄河。发源于青藏高原巴颜喀拉山北麓的约古宗列盆地西南缘的雅拉达泽，曲折穿行于黄土高原、华北平原，最后在山东垦利县注入勃海。全长5464千米，有34条重要支流，流域面积75万平方千米。黄河以泥沙含量高而闻名于世。据计算，黄河从中游带下的泥沙每年约有16亿吨之多。“一碗水半碗泥”，生动地反映了黄河的这一特点。黄河多泥沙是由于其流域为暴雨区，而且中游两岸大部分为黄土高原。大面积深厚而疏松的黄土，加之地表植被破坏严重，在暴雨的冲刷下，滔滔洪水挟带着滚滚黄沙泻入黄河。由于河水中泥沙过多，使下游河床因泥沙淤积而不断抬高，有些地方河底已经已经高出两岸地面，成为

“悬河”。

5．中国最大的内流河——塔里木河。是由发源于天山的阿克苏河和发源于喀喇昆仑山的叶尔羌河以及和田河汇流而成，最后流入台特马湖。是中国第一大内陆河，全长2179千米，仅次于前苏联的伏尔加河、锡尔—纳伦河、阿姆—喷赤—瓦赫什河和乌拉尔河，为世界第5大内陆河。

6．世界最大内流河——伏尔加河。是欧洲第一长河，发源于俄罗斯加里宁州奥斯塔什科夫区、瓦尔代丘陵东南的湖泊间。自源头向东北流至雷宾斯克转向东南，至古比雪夫折向南，流至伏尔加格勒后，向东南注入里海。全长3688千米，两岸多牛轭湖和废河道。

京杭运河

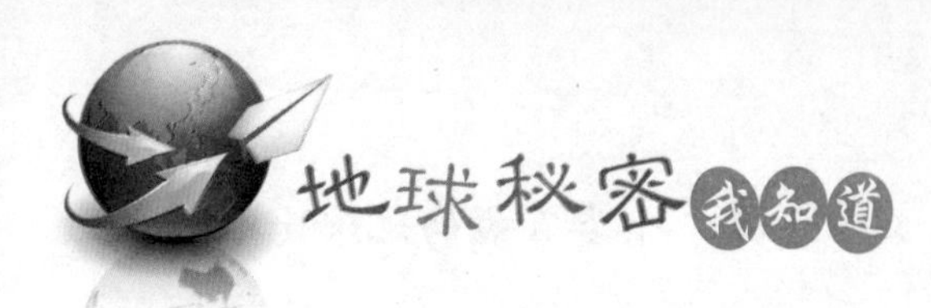


7．世界最大运河——京杭运河。是世界上开凿最早、里程最长、工程最大的运河。北起北京(涿郡)，南到杭州（余杭），全长1700余千米。经北京、天津、河北、山东、江苏、浙江，沟通海河、黄河、淮河、长江、钱塘江五大水系，在我国南北运输中起着重要的作用。目前又是南水北调东线工程调水的主要通道。

## 水织的美景——瀑布

瀑布也称河落，有时也称大瀑布。比较低、陡峭度较小的瀑布，称小瀑布，常用以指沿河一系列小的跌落。有的河段坡度平缓，然而在河流坡降局部增加处相应出现湍流和白水，这些河段称急流。瀑布在地质学上叫跌水，即河水在流经断层、凹陷等地区时垂直跌落。在河流的时段内，瀑布是一种暂时性的特征，最终会消失。侵蚀作用的速度取决于特定瀑布的高度、流量、有关岩石的类型与构造。

在一些情况下，瀑布的位置因悬崖或陡坎被水流冲刷而向上游方向消退；而在另一些情况下，这种侵蚀作用又倾向于向下深切，并斜切包含有瀑布的整个河段。与任何大小的瀑布相关、也与流量和高度相关的瀑布特征之一，就是跌水潭的存在，它是在跌水的下方，在河槽中掘蚀出的盆地。在某些情况下，跌水潭的深度可能近似于造成瀑布的陡崖高度。跌水潭最终造成陡崖坡面的坍塌和瀑布后退。造成跌水的悬崖在水流的强力冲击下将不断地坍塌，使得瀑布向上游方向后退并降低高度，最终导致瀑布消失。

瀑布的形成很简单，就是一条河流翻过一个悬崖峭壁，就形成了一个瀑布。其实瀑布的形成主要有三种：其一是河水翻过岩壁，直落入下面的一个大水池里，翻滚流飞的水流不休止地浸蚀页岩，淘空了岩洞，使得悬崖永远陡峭。另一种就是在古代有一大块熔化了的岩石从下面挤上来。随着时间的推移，后来就在河道中形成了一堵墙。这样一来河水经过就形成瀑布。第三种情况是古代的冰川切入山谷之中，使两侧形成悬崖峭壁，瀑布由此生成。另外地球表面的运动使高原进一步加高，而如果河流就在它的边缘地带，那么就会形成高原瀑布。

瀑布的形成，特别是大峡谷河床瀑布的形成，应该是内外合力相互作用下导致地形差异所表现出河流水作用的一种阶段性的河床地貌的表现。大峡谷河床瀑布，就是在短距离、高坡降、大水量的情况下，流水水动力作用选择一定的地质构造部位而能量释放的一种表现形式。形成瀑布的条件主要有：一

维多利亚瀑布

是岩石类型的差异。河流跨越许多岩相边界。如果从坚硬的岩石河床流向比较柔软的岩石河床，这样一来九使较软的岩石河床的侵蚀更快，于是两种岩石类型相接处的坡度更陡。二是河床上有许多条状的坚硬岩石。三是由陆地的结构和形状而形成。一般情况下，随着山区地形的坡度加大，瀑布的数量也就增多。

依据瀑布的外观和地形的构造，瀑布有多种分类。按照瀑布水流的高宽比例，可分为垂帘型瀑布、细长型瀑布；按照瀑布岩壁的倾斜角度，可分为悬空型瀑布、垂直型瀑布、倾斜型瀑布；按照瀑布有无跌水潭，可分为有瀑潭型瀑布、无瀑潭型瀑布；按照瀑布的水流与地层倾斜方向，可分为逆斜型瀑布、水平型瀑布、顺斜型瀑布、无理型瀑布；按照瀑布所在地形，可分为名山瀑布、岩溶瀑布、火山瀑布、高原瀑布。世界上最著名的三个大瀑布是美国和加拿大之间的尼亚加拉瀑布，非洲赞比西河上的维多利亚瀑布和阿根延、巴西及巴拉圭之间的伊瓜苏瀑布。世界最高的瀑布是委内瑞拉境内的安赫尔瀑布。另一个世界最大瀑布是老挝湄公河上的孔南瀑布。

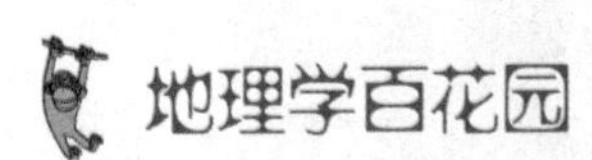

## 世界著名的瀑布小集锦

1．尼亚加拉瀑布。位于加拿大与美国的交界处的尼亚加拉河上，河中的高特岛把瀑布分隔成两部分，较大的部分是霍斯舒瀑布，靠近加拿大一侧，高56米，长约670米，较小的为亚美利加瀑布，接邻美国一侧，高

58米，宽320米。

2．维多利亚瀑布。位于非洲赞比西河的中游，赞比亚与津巴布韦接壤处。宽1700余米，最高处108米。瀑布落下时声如雷鸣，当地居民称为“莫西奥图尼亚”（意即“霹雳之雾”）。

3．伊瓜苏瀑布。位于阿根廷和巴西边界上的伊瓜苏河，是一个马蹄形瀑布，高82米，宽4千米。悬崖边缘有许多树木丛生的岩石岛屿，使伊瓜苏河跌落时分作275股急流或泻瀑。

4．大龙湫瀑布。为浙江省雁荡山胜景，190米高，是我国落差最大的瀑布之一。大龙湫的特色在于一股悬空脱缰而下的急流，因落差太大，因山风吹拂，分成各具特色的两段，上半段白练飞舞，下半段如烟如雾。

5．银练坠瀑布。被称为最柔美的瀑布银练坠瀑布在天星桥景区内，离黄果树瀑布只有7公里。几块巨岩犹如自然垂下的肩膀，让流水轻盈地漫过，缓缓地汇聚在深潭里。流水在岩石表面形成了美丽的银色颗粒，风韵柔美。

6．流沙瀑布。是最细腻的瀑布，位于湘西，落差达216米，居全国之冠。瀑布从绝壁之上腾空而下，极高的落差，流水到了下面就散落成流沙状。

7．九寨沟瀑布。是最洁净的瀑布。从长满树木的悬崖或滩上悄悄流出，瀑布被分成无数股细小的水流，或轻盈缓慢，或急流直泻，千姿百态，妙不可言。九寨沟瀑布群主要有诺日朗瀑布、树正瀑布、珍珠滩瀑布。

8．镜泊湖瀑布与壶口瀑布。镜泊湖瀑布是中国最大的火山瀑布。壶口瀑布是黄河中游流经晋陕大峡谷时形成的一个天然瀑布，西濒陕西省

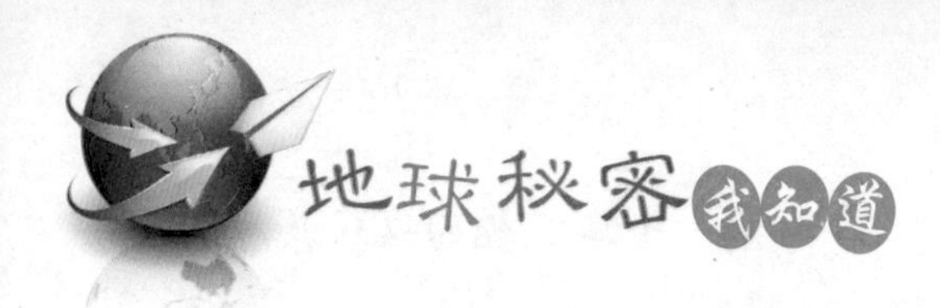


宜川县，东临山西省吉县。瀑布宽达30米，深约50米，最大瀑面3万平方米。是仅次于贵州黄果树瀑布的第二大瀑布。

9．德天瀑布。是亚洲最大的跨国瀑布，源于广西靖西县归春河，流入越南又流回广西，经过大新县德天村处遇断崖跌落而成瀑布。归春河水在千岩万壑中划开了中越两国的界限，形成宽100多米、落差40多米、三层跌宕而下的瀑布。

10．黄果树瀑布。是白水河上最雄浑瑰丽的乐章，它将河水的缓游漫吟和欢跃奔腾奇妙地糅合在一起。从68米高的悬崖之巅跌落，水量丰沛、气韵万千、柔细飘逸、楚楚依人。

11．庐山瀑布。被誉为最有诗意的瀑布。庐山瀑布群是最有历史的瀑布群，历代诸多文人骚客在此赋诗题词，赞颂其壮观雄伟，给庐山瀑布带来了极高的声誉。最有名的是唐代诗人李白的《望庐山瀑布》。

12．马岭河瀑布。中国最大瀑布群，发源于乌蒙山脉。马岭河的瀑布飞泉有60余处，而壁挂崖一带仅2公里长的峡谷中，就分布着13条瀑布，形成一片壮观的瀑布群。最具特色的是珍珠瀑布，4条洁白而轻软的瀑布从200多米高的崖顶跌落下来，在层层叠叠的岩页上时隐时现，撞击出万千水珠，水珠在阳光照耀下闪闪发光。

## 大地的珍珠——湖泊

湖泊是陆地表面洼地积水形成的、水域比较宽广、换流缓慢的水域。按成因可分为构造湖、火山湖、冰川湖、堰塞湖、潟湖、人工湖等；按湖水盐度高低可分为咸水湖和淡水湖。中国习惯用的陂、泽、池、海、泡、荡、淀、泊、错和诺尔等，都是湖泊的别称。湖泊是在地质、地貌、气候、流水等因素的综合作用下形成的。在地壳构造运动、冰川作用、河流冲淤等地质作用下，地表形成许多凹地，积水成湖。露天采矿场凹地积水和拦河筑坝形成的水库，也属湖泊，称人工湖。在流域自然地理条件影响下，湖泊的湖盆、湖水和水中物质相互作用，相互制约，使湖泊不断演变。

一般可以认为，河流运动比较快；沼泽内生长大量的草、树或灌木；池塘比湖泊小。研究湖泊的科学是湖沼学，湖沼学家常根据湖盆形成过程来对湖泊和湖盆进行分类。特别大的湖盆是由构造作用即地壳运动形成的，如里海、咸海、南澳大利亚的大盆地、中非的某些湖泊以及美国北部的山普伦湖都是这种作用的产物。此外断层也对湖盆的形成起着重要的作用，世界上最深的两个湖泊贝加尔湖和坦干伊喀湖的湖盆就是由地堑形成的。一般来说，湖盆分为由地壳的构造运动（如断裂、褶皱）形成的构造湖盆；因冰川的进退消长或冰体断裂和冰面受热不匀而形成的冰川湖盆；火山喷发后火口休眠形成的火口湖盆；山崩、滑坡或火山喷发使物质阻塞河谷或谷地形成的堰塞湖盆；水流冲淤或水的溶蚀作用形成的水成湖盆；由风力吹蚀形成的风成湖盆；大陨石撞击地面形成的陨石湖盆等。

湖水的温度是随深度变化的，大多数湖水最大密度温度接近于4℃，而在接近0℃时形成冰。引起湖水运动的力主要有风力、水力梯度及造成水平或垂直密度梯度引起的力。诸如湖面风将能量传给湖水，引起湖水运动；由水流进出湖泊而引起水力效应；湖水内部压力梯度及由水温、含沙量或溶解质浓度变化造成的密度梯度等，都能引起湖水运动。湖中波浪多是由湖面风引起的。风吹到平静的湖面上，首先使广阔的湖面产生波动和波纹，形成比较有规则、范围较小且向同一方向扩展的表面张力波。波高的增加与风速、作用持续时间及吹程呈函数关系。即使在最大的湖泊中，也不会出现海洋中的波涛现象。

湖泊可以分为：构造湖，是在地壳内力作用形成的湖泊，特点是湖形狭长、水深而清澈，如滇池、洱海、抚仙湖、青海湖、新疆喀纳斯湖等。构造湖具有十分鲜明的形态特征，即湖岸陡峭且沿构造线发育，湖水一般都很深；火山口湖，系火山喷火口休眠以后积水而成，其形状是圆形或椭圆形，湖岸陡峭，湖水深不可测，如白头山天池；堰塞湖，由火山喷出的岩浆、

青海湖

地震引起的山崩和冰川与泥石流引起的滑坡体等壅塞河床，截断水流出口成湖，如五大连池、镜泊湖等；岩溶湖，是由碳酸盐类地层经流水的长期溶蚀而形成岩溶洼地、岩溶漏斗或落水洞等被堵塞，经汇水而形成的湖泊，如贵州威宁的草海；冰川湖，是由冰川挖蚀形成的坑洼和冰碛物堵塞冰川槽谷积水而成的湖泊，如新疆阜康天池；风成湖，是沙漠中低于潜水面的丘间洼地，经其四周沙丘渗流汇集而成的湖泊，如敦煌附近的月牙湖；河成湖，由于河流摆动和改道而形成的湖泊。一是由河流摆动，其天然堤堵塞支流而潴水成湖，如鄱阳湖、洞庭湖、江汉湖群、太湖等。二是由于河流本身被外来泥沙壅塞，水流宣泄不畅，潴水成湖，如南四湖等。三是河流截湾取直后废弃的河段形成牛轭湖，如内蒙古的乌梁素海；海成湖，由于泥沙沉积使得部分海湾与海洋分割而成，通常称作泻湖，如里海、杭州西湖、宁波东钱湖；潟湖，是一种因为海湾被沙洲所封闭而演变成的湖泊，一般都在海边。

湖泊主要通过入湖河川径流、湖面降水和地下水而获得水量。湖泊分不流通湖（无地表或地下出口）和流通湖（有地表或地下出口）两种。不流通湖湖水耗于蒸发而导致湖水含盐量增加；流通湖湖水通过地表或地下径流流走，随入流量和出流量的周期性或非周期性的变化而变化。世界湖泊分布很广，中国湖泊众多，面积大于1平方公里的约2300个。青海湖面积4000多平方千米，是中国最大的湖泊。西藏的纳木错是海拔最高的湖泊。位于白头山上的天池深达373米，是中国最深的湖泊。

湖泊沉积物主要是由碎屑物质（黏土、淤泥和砂粒）、有机物碎屑、化学沉淀或是这些物质的混合物所组成。湖泊中主要的化学沉积物有钙、钠、碳酸镁、白云石、石膏、石盐以及硫酸盐类。含有高浓度硫酸钠的湖泊称为苦湖，含有碳酸钠的湖泊称为碱湖。湖泊一旦形成，就受到外部自然因素和内部各种过程的持续作用而不断演变。入湖河流携带的大量泥沙和生物残骸年复一年在湖内沉积，湖盆逐渐淤浅，变成陆地，或随着沿岸带水生植物的发展，逐渐变成沼泽；或盐类物质在湖盆内积聚浓缩，湖水日益盐化，最终变成干盐湖甚至而干涸。湖水是全球水资源的重要组成部分，比如鄱阳湖、洞庭湖、太湖、巢湖和洪泽湖的淡水总量约为553亿米。湖泊是水路交通的重要组成部分，盛产鱼、虾、蟹、贝、莲、藕、菱、芡和芦苇等，是水产和轻工业原料的重要来源。

## 地理学百花园

### 世界著名湖泊小集锦

1．世界蓄水量最多的内陆湖及咸水湖——里海。位于亚欧大陆腹部，东、北、西三面湖岸分属土库曼斯坦共和国、哈萨克斯坦共和国、俄罗斯联邦和阿塞拜疆，南岸在伊朗境内，是世界上最大的湖泊，也是世界上最大的咸水湖，属海迹湖。

2．最大的淡水湖——苏必利尔湖。是北美洲五大湖之一，是世界仅次于里海的第二大湖，为美国和加拿大共有。湖东北面为加拿大，西南面为美国。水质清澈，湖面多风浪，湖区冬寒夏凉。有很多天然港湾和人工港口，主要港口有德卢斯、苏圣玛丽、桑德贝等。

3．最深的湖泊及蓄水量最多的淡水湖——贝加尔湖。位于俄罗斯东南部伊尔库茨克州，是亚欧大陆最大的淡水湖，是世界上第七大湖泊和世界上最深的湖泊。容纳了地球全部淡水的五分之一，有“月亮湖”之称。

4．面积最大的淡水湖群——北美洲五大湖。在加拿大和美国交界处，是世界最大的淡水湖群，分别为苏必利尔湖、休伦湖、密歇根湖、伊利湖和安大略湖。

5．海拔最低，最深最咸的咸水湖——死海。位于西亚的著名大咸湖，湖面低于地中海海面392米，是世界最低洼处，因温度高、蒸发强烈，含盐度高，达25%～30%。水生植物和鱼类等生物不能生存，故得死海之名。

纳木湖

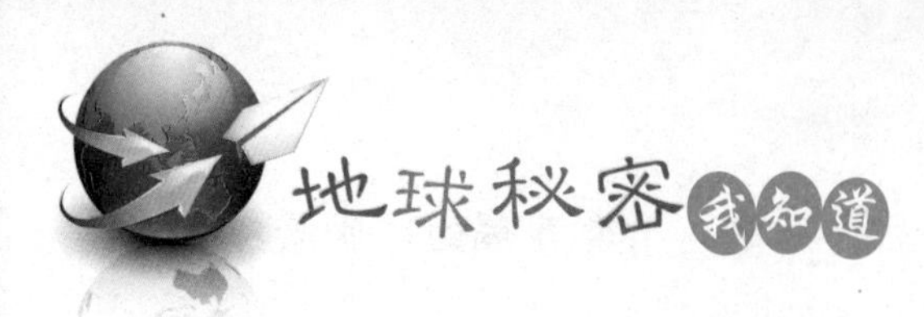


6．最高的湖泊及咸水湖——纳木错。又称纳木湖，位于青藏高原，是世界上海拔最高的咸水湖。藏语中，“错”是“湖”的意思。藏族人民叫它“腾格里海”，意思是“天湖”，尊为四大威猛湖之一，传为密宗本尊胜乐金刚的道场，是藏传佛教的著名圣地。

## 地球之肾——沼泽

沼泽是指地表过湿或有薄层常年或季节性积水，土壤水分达饱和，生长有喜湿性和喜水性沼生植物的地段。由于水多，致使沼泽地土壤缺氧，在厌氧条件下，有机物分解缓慢，只呈半分解状态，故多有泥炭的形成和积累。又由于泥炭吸水性强，致使土壤更加缺氧，物质分解过程更缓慢，养分也更少。因此，许多沼泽植物的地下部分都不发达，其根系常露出地表，以适应缺氧环境。沼泽植被主要由莎草科、禾本科及藓类和少数木本植物组成。沼泽地是纤维植物、药用植物、蜜源植物的天然宝库，是珍贵鸟类、鱼类栖息、繁殖和育肥的良好场所。沼泽具有湿润气候、净化环境的功能。

沼泽化过程包括：①水体沼泽化。一般发生在风浪小的浅水湖泊和流速缓慢的小河中。一种方式是植物呈带状从湖岸向湖心侵移，这种沼泽化过程发生在浅水湖或河道中。大量的植物残体积聚在湖底，在水下缺氧条件下，形成了泥炭。泥炭一层层增厚，湖水变得更浅，最后整个湖盆变成沼泽。另一种方式是植物呈浮毯状从湖岸向湖水面蔓延，常发生在风平浪静的陡岸湖泊或流速缓慢的河流。②森林沼泽

黄河三角洲沼泽湿地

化。林区的河谷和缓坡山麓或平缓的分水岭，常有潜水以泉或慢流方式渗出，造成地表过湿。其上生长苔草等喜湿植物，随后地面枯枝落叶和草丘栏截并保持大量地面径流，水分下渗，致使钾、氮、钙、镁等物质在土层下积聚，形成不透水层，造成土壤过湿，植物残体形成泥炭，发育为沼泽。③草甸沼泽化。地表常年过湿，是草甸形成沼泽的必备条件。植物残体和腐殖质阻塞了土壤孔隙，缺氧的土壤条件导致泥炭的形成。禾本科植物逐渐被密丛型苔草所代替，于是出现沼泽。

沼泽分为富养沼泽（低位沼泽）、贫养沼泽（高位沼泽）、中养沼泽（中位沼泽）。富养沼泽是沼泽发育的最初阶段。沼泽表面低洼，经常成为地表径流和地下水汇

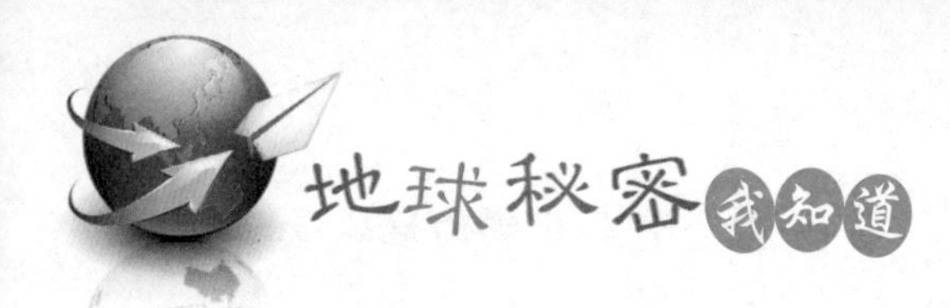


集的所在。如中国川西北若尔盖沼泽。富养沼泽中的植物主要是苔草、芦苇、嵩草、木贼、落叶松、落羽松、水松等。贫养沼泽，是沼泽发育的最后阶段。泥炭藓增长，泥炭层增厚，沼泽中部隆起，高于周围，故称为高位沼泽或隆起沼泽。植物主要是苔藓植物和小灌木杜香、越橘以及草本植物棉花莎草，尤其以泥炭藓为优势。中养沼泽，由雨水与地表水混合补给，营养状态中等。由于沼泽地的土壤有泥炭土与潜育土之分，沼泽又可分为泥炭沼泽和潜育沼泽两大类。另外按植被生长情况，可以将沼泽分为草本沼泽、泥炭藓沼泽和木本沼泽。

地球上除南极尚未发现沼泽外，各地均有沼泽分布。地球上最大的泥炭沼泽区在西西伯利亚低地，南北宽800千米，东西长1800千米，这个沼泽区堆积了地球全部泥炭的40%。我国的沼泽主要分布在东北三江平原和青藏高原等地。不同类型的沼泽栖居着不同的动物，有哺乳类、鸟类、爬行类、两栖类、鱼类和无脊椎动物昆虫等。哺乳类以水獭、水田鼠、水鼩为代表。鸟类最多，有多种鹬类、涉禽类的鹤和鹭、游禽类的鸭和雁、猛禽类的沼泽鹄等。两栖类有蟾蜍和青蛙。爬行类有蛇。还有多种鱼类。沼泽既是土地资源，又有宝贵的泥炭和丰富的生物资源。分布在河源区的大面积沼泽，是水的贮藏体，具有蓄水保水作用，对涵养水源，调节河川径流和河流补给起一定作用，可以削弱河流洪峰值和延缓洪峰出现时间。沼泽是天然的大水库，有利于森林和农作物生长，促进农、林、牧业的发展，同时对人体健康也有良好作用。沼泽地与森林、海洋并称全球三大生态系统，具有维护生态安全、保护生物多样性等功能。所以人们把其称为“地球之肾”、天然水库和天然物种库。

水　獭

## 世界沼泽湿地集锦

1．世界上最大的沼泽地——潘塔纳尔沼泽地。位于位于巴西马托格罗索州的南部地区，面积达2500万公顷。沼泽地内分布着大量河流、湖泊和平原。除了丰富的植物资源外，沼泽地内还栖息着650种鸟类，230种鱼类，95种哺乳动物和167种爬行动物，以及35种两栖动物，是动物的乐园。

2．中国最美的沼泽——甘南若尔盖。位于阿坝藏族羌族自治州东北部的若尔盖、阿坝、红原、壤塘四县境内，有四川省最大的草原，面积近3万平方公里，由草甸草原和沼泽组成。红军二万五千里长征曾多次通过这里，留下了许多可歌可泣的动人故事。若尔盖沼泽面积有30万公顷，是中国最大的泥炭沼泽。

3．三江平原湿地。位于黑龙江省抚远县和同江市境内，总面积19.8089万公顷，是一个以沼泽湿地为主要保护对象的自然保护区。是全球少见的淡沼泽湿地之一，区内泡沼遍布，河流纵横，自然植被以沼泽化草甸为主，并间有岛状森林分布，保持着原始自然状态。动植物资源丰富，有白鹳、丹顶鹤、白尾海雕、大天鹅、白枕鹤、雷鸟、水獭、猞猁等。

4．黄河三角洲湿地。位于黄河入海口两侧新淤地带，总面积为15.3万公顷，是中国暖温带最完整、最广阔、最年轻的湿地生态系统，是东北亚内陆和环西太平洋鸟类迁徙的重要“中转站、越冬栖息和繁殖地”，是全国最大的河口三角洲自然保护区。动物达1524种，有江豚、宽喙海豚、斑海豹、小须鲸、伪虎鲸、达氏鲟、白鲟、松江鲈、丹顶鹤、白头鹤、白鹳、金雕、大鸨、中华秋沙鸭、白尾海雕、灰鹤、大天鹅、鸳鸯等。

5．扎龙保护区湿地。是中国著名的珍贵水禽自然保护区，位于乌裕尔河下游，西北距齐齐哈尔市30千米。主要保护丹顶鹤及其他野生珍禽，被誉为鸟和水禽的“天然乐园”。扎龙河道纵横，湖泊沼泽星罗棋布，以鹤著称于世，全世界共有15种鹤，此区即占有6种，它们是丹顶鹤（又称仙鹤）、白头鹤、白枕鹤、蓑羽鹤、白鹤和灰鹤。除鹤以外，还有大天鹅、小天鹅、大白鹭、草鹭、白鹳等。

# 地球上的死亡禁区——沙漠

沙漠，亦作砂漠，是指沙质荒漠。因水很少，一般以为沙漠荒凉无生命，有“荒沙”之称。地球陆地的三分之一是沙漠。全世界陆地面积为1.49亿平方千米，占地球总面积的29%，其中约4800万平方千米是干旱、半干旱荒漠地，而且每年以6万平方千米的速度扩大。沙漠面积占陆地总面积的10%。沙漠地域大多是沙滩或沙丘，沙下岩石也常出现。泥土很稀薄，植物很少。有些沙漠是盐滩，完全没有草木。沙漠一般是风成地貌。沙漠气候干燥，是考古学家的乐园，因为可以找到很多保存完好的文物和化石。

沙漠的分类一般按照每年降雨量天数、降雨量总额、温度、湿度来分类。地球上的干燥地区可以分为三类：一是特干地区。是完全没有植物的地带，年降水量100 毫米以下，全年无降雨、降雨无周期性；二是干燥地区。是指季节性地长草但不生长树木的地带，蒸发量比降水量大，年降水量在250 毫米以下；三是半干地区有250～500毫米雨水，是生长草和低矮树木的地带。其中，特干和干燥区称为沙漠，半干区命名为干草原。

一般来说，沙漠可以分为如下类别：贸易风沙漠（贸易风即信风，是从副热带高压散发出来向赤道低压区辐合的风，来自陆地的贸易风越吹越热。世界上最大的沙漠撒哈拉大沙漠主要形成原因就是干热的贸易风的作用，白天气温可以达到57°C）、中纬度沙漠（或称温带沙漠，位于纬度30° C到50° C之间，如腾格里沙漠）、雨影沙漠（是在高山边上的沙漠。因为山太高，造成雨影效应，在山的背风坡形成沙漠）、沿海沙漠（一般在北回归线和南回归线附近的大陆西岸，形成的原因有陆地影响、海洋影响和天气系统影响，如南美的阿塔卡马沙漠、非洲的纳米比沙漠）、盐碱沙漠、外星沙漠。

世界著名的十大沙漠是撒哈拉沙漠（位于非洲北部，东西长达5600千米，南北宽约1600千米，总面积约9 600 000平方千米，是世界上最大的沙漠，形成于250万年以前）、阿拉伯沙漠（位于阿拉伯半

撒哈拉大沙漠

岛，面积达233万平方千米，为世界第二大沙漠，平均气温都在20℃以上）、利比亚沙漠（位于非洲东北部，面积169万平方千米，包括埃及中、西部和利比亚东部）、戈壁沙漠（又称东北亚沙漠，包括阿尔泰山脉以东南、大兴安岭以西、蒙古草原以南、青藏高原以东北、华北平原以西北的广阔干旱半干旱地区，面积104万平方千米）、巴塔哥尼亚沙漠（位于南美洲南部的阿根廷，在安第斯山脉的东侧，面积约67万平方千米）、鲁卜哈利沙漠（面积占据阿拉伯半岛约四分之一，覆盖了整个沙特阿拉伯南部地区和大部分的阿曼、阿联酋和也门领土，又称阿拉伯大沙漠）、卡拉哈里沙漠（位于非洲南部内陆干燥区，也称“卡拉哈里盆地”，内有卡拉哈里沙丘，为全世界面积最大的沙丘区）、大沙沙漠（位于澳大利亚西部沙漠北带，位于金伯利高原以南、皮尔巴拉地区以东，面积41万平方千米）、塔克拉玛干沙漠（位于南新疆塔里木盆地，维吾尔语意思是“进去出不来的地方”，当地人称它为“死亡之海”，东西长1000余千米，南北宽400多千米，总面积337 600平方千米，是中国境内最大的沙漠，也是全世界第二大流动沙漠）、澳大利亚沙漠（位于澳大利亚的西南部，面积约155万平方千米）。

## 地球的最南端——南极

南极洲是个巨大的天然“冷库”，是世界上淡水的重要储藏地。南极洲是地球上最冷的大陆，现在世界上最低的气温记录

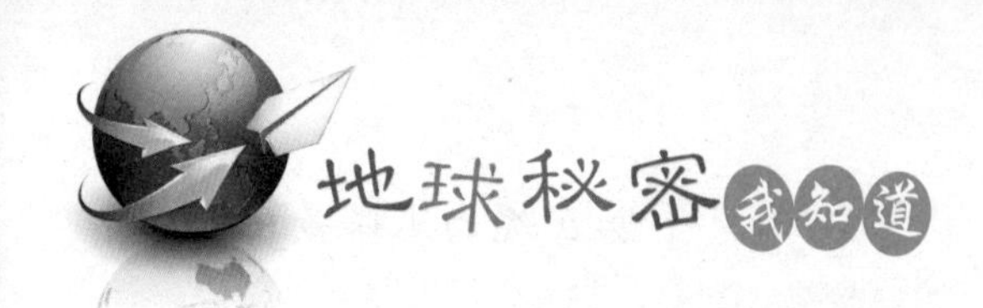


是-88.3℃。南极洲的风独具个性。冷空气从大陆高原上沿着大陆冰盖的斜坡急剧下滑，形成近地表的高速风；而风向不变的下降风将冰面吹蚀成波状起伏的沟槽；风速超过15米/秒时，会形成暴风雪，伸手不见五指。南极洲是地球上最干燥的大陆，几乎所有降水都是雪和冰雹。极地气旋从大陆以北顺时针旋转，气流很难进入大陆内部。南极大陆98%的地域终年为冰雪所覆盖，面积约200万平方千米，平均厚度2000～2500米，最大厚度为4800米，它的淡水储量约占世界总淡水量的90%。如果南极冰盖全部融化，地球平均海平面将升高60米，我国东部的经济特区将被淹没在一片汪洋之中。

南极洲原是古冈瓦那大陆的核心部分。大约在1.85亿年前古冈瓦那大陆先后分裂为非洲南美洲板块、印度板块、澳洲板块并相继与之脱离。大约在1.35亿年前非洲南美板块一分为二，形成了非洲板块与南美板块。大约在5500万年前澳洲板块最后从古冈瓦那大陆上断裂下来飘然北上，于是只剩下了南极洲。南极洲在地质历史上是一片汪洋。由于地壳运动，一些陆地及岛屿从海中升起，才构成今天的地理状况。包括多山的南极半岛、罗斯冰架、菲尔希钠冰架和伯德地，主要山系有萨普、埃尔斯沃思等。南极洲的最高峰文森峰，海拔5140米，位于西南极洲。西南极洲多火山，仅伯德地就有30多座。南极半岛顶端附近的欺骗岛也是一座活火山，1971年8月中旬曾喷发过，终年冒着蒸腾的热气，发出一股硫磺气味，是南极洲的一处旅游胜地。南极半岛附近的岛屿多由黑色火成岩构成。在罗斯海与威德尔海之间出现一条很深的海沟，把南极半岛与南极大陆完全分开。

南极洲腹地是一片不毛之地。海洋里却充满生机，那里有海藻、

南极企鹅

珊瑚、海星、海绵、磷虾，磷虾为南极洲众多的鱼类、海鸟、海豹、企鹅以及鲸提供了食物来源。南极洲蕴藏的矿物有220余种，主要有煤、石油、天然气、铂、铀、铁、锰、铜、镍、钴、铬、铅、锡、

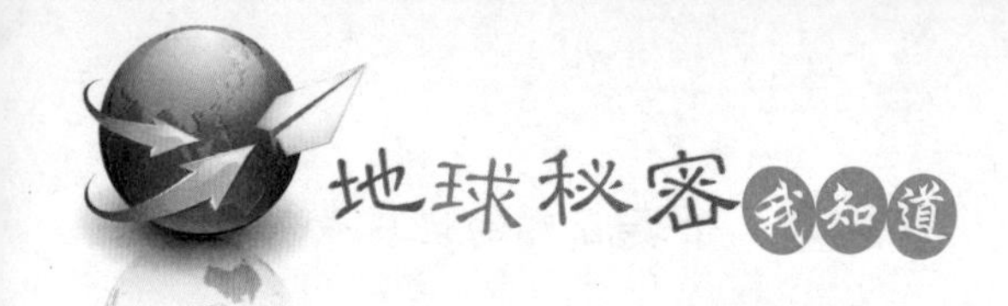


锌、金、铜、铝、锑、石墨、银、金刚石等。主要分布在东南极洲、南极半岛和沿海岛屿地区。如维多利亚地有大面积煤田，南部有金、银和石墨矿，整个西部大陆架的石油、天然气均很丰富，查尔斯王子山发现巨大铁矿带，乔治五世海岸蕴藏有锡、铅、锑、钼、锌、铜等，南极半岛中央部分有锰和铜矿，沿海的阿斯普兰岛有镍、钴、铬等矿。南极洲最具特色的是没有土著居民，也没有发现任何古人类活动的痕迹。

## 地理学百花园

### 南极条约体系

《南极条约》的主要内容为：禁止在条约区从事任何带有军事性质的活动，南极只用于和平目的；冻结对南极任何形式的领土要求；鼓励在南极科学考察中的国际合作；各协商国都有权到其它协商国的南极考察站上视察；协商国决策重大事务的实施主要靠每年一次的南极条约的例会和各协商国对南极的自由视察权。中国于1985年5月9日加入南极条约组织。继《南极条约》之后，1964、1972、1980年先后签订了《保护南极动植物议定措施》《南极海豹保护公约》和《南极生物资源保护公约》；1988 年6月通过了《南极矿物资源活动管理公约》；1991年10月在马德里通过了《南极环境保护议定书》。《南极条约》和上述公约以及历次协商国通过140余项建议措施，统称为南极条约体系。《南极条约》的宗旨是："为了全人类的利益，南极应永远专用于和平目的，不应成为国际纷争的场所与目标。”

南极研究科学委员会简称SCAR，隶属国际科联，是专门组织、协调南极科学研究的国际性学术组织。每两年召开一次会议，以促进南极条约协商国成员国之间及其它国际学术组织的交流与合作。大会期间举行生物、地质、冰川、气象、高空大气物理、大地测量与制图、人体生理医学等学科的分组学术讨论会和南大洋生态与生物资源、海豹等方面的会议。

## 地球的最北端——北极

北极是指地球自转轴的北端，北极地区是指北极附近北纬66° 34′北极圈以内的地区。北冰洋是一片冰封海洋，周围是众多的岛屿以及北美洲和亚洲北部的沿海地区。1909年，两名美国人——罗伯特·皮埃里和弗雷德里克都声称是自己首先到达北极。北冰洋表面的绝大部分终年被海冰覆盖，是地球上唯一的白色海洋。中央北冰洋的海冰已持续存在300万年，属永久性海冰。北冰洋海冰形成的浮冰山与来自格陵兰等岛屿的冰川及冰架形成的冰山一起，随海流进入大西洋或阿拉斯加外海。1912年的“泰坦尼克”号首航时就是撞上从北冰洋漂出的冰山而沉没。

北极地区是指以北极点为中心的广阔地区，即北极圈以内的地区，包括极区、北冰洋、边缘陆地及岛屿、北极苔原带和泰加林带，总面积为2100万平方千米。其中陆地近800万平方公里，归属于8个环北极国家。但北冰洋属国际公共海

北极光

域。北极地区有居民700多万，与南极形成鲜明对照。北极地区蕴藏着丰富的石油、天然气、矿物和渔业资源。北极地区的巴伦支海是世界海产品的主要供应地。1961年生效的《南极条约》，冻结了各国对南极主权的争夺。但北极的主权的争夺问题尚无类似条约。因此，各国只能依据《联合国海洋法公约》来处理北极附近地区的资源开发、大陆架以及公海利用的争端，严重威胁到北极地区的安全以及人类、地球的未来。

极光是发生在地球南北极上空特有的一种高空物理现象，也是一种宇宙放电现象。它是由来自于太阳的高速带电粒子流（太阳风）到达地球的磁层空间时，受到地球南北极强磁场的吸引而进入地球空间，高速带电粒子与地球上空的高层大气发生一种复杂的相互作用和放电现象，产生出能量极强、范围极大、五彩斑斓、绚丽多姿的彩色光带。在南极见到的极光称为南极光，在北极见到的极光称为北极光。极光的发生除了与地球磁场的变化有关，还与太阳的活动特别是每隔11年周期性发生的太阳黑子活动关系密切。无线电通讯、雷达监测、大海航船、高压输电设备、飞机和人造卫星导航系统的正常使用都与极光的发生有着直接的关系。

北极地区的人口主要分布在8个环北极国家的北纬60度以北地区。其中土著居民约200多万，主要居住在北美洲的阿拉斯加和加拿大北部的北冰洋沿岸和格陵兰岛的北部。北极人口由20多个民族组成。具代表性的土著民族有爱斯基摩人（因纽特人）、阿留申人、科米人、曼西人、可汗人、塞库普人、恩特西人、恩加纳桑人、多尔干人、侗人、拉穆特人、育卡格赫人、南特西人、雅库特人、库雅特人、堪察加人、鄂温克人、萨米人、拉普人、楚科奇人、凯特人。这些土著

北极熊

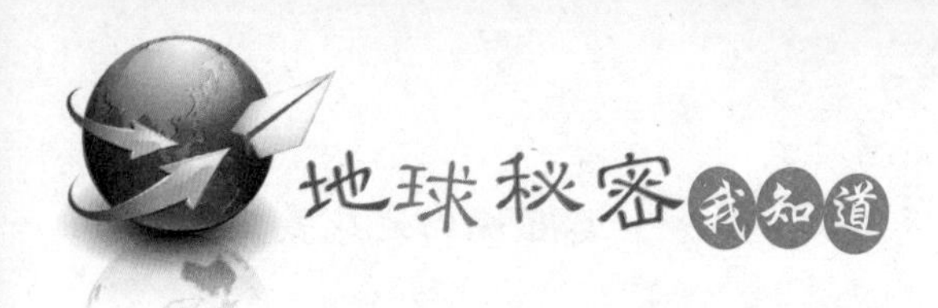


民族靠渔猎为生，居住极其简陋，驯养驯鹿，保留着生吃鱼肉的风俗习惯。北极最有代表性的象征是北极熊。

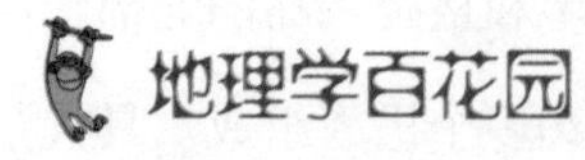


**中国第一个北极科学考察站——黄河站**

2002年9月由国家海洋局组团赴北极斯瓦尔巴群岛地区进行选址调研工作，根据中国1925年签署的“斯匹次卑尔根群岛条约”和专家论证，中国北极科学考察站站址选在挪威斯瓦尔巴群岛的新奥尔松。2003年6月18日，国家海洋局极地考察办公室与挪威王湾公司签署了中国北极科学考察站的租赁改造协议。同年9月底，中国北极考察站投入试运行。北极考察站为一栋两层楼的建筑，有会议室、办公室、通讯室、18间宿舍和4间实验室。中国北极科学考察站于2004年正式投入运行，开展涉及气象、生物、环境监测、空间物理、测绘、冰川等领域的 10个项目的考察工作。2004年7月，国家海洋局将中国第一个北极科学考察站定名为黄河站。

# 原始而神秘的雨林

热带雨林是指阴凉、潮湿多雨、高温、结构层次不明显、层外植物丰富的乔木植物群落。主要分布于赤道南北纬 5° ～10° 以内的热带气候地区。大多数热带雨林都位于北纬23.5° 和南纬23.5° 之间。热带雨林主要生长在年平均温度24℃以上，或最冷月平均温度18℃

以上的热带潮湿低地。每月平均温度在18度左右，平均降水量每年2220毫米。热带雨林主要分布在南美、亚洲和非洲的丛林地区，如亚马逊平原和云南的西双版纳。地球上有三大热带雨林。最大的一片是亚马逊热带雨林，面积有40 000平方千米；第二大片是热带亚洲的雨林，面积20 000平方千米；第三大片是热带非洲雨林，面积18 000平方千米。我国的热带雨林主要分布在台湾南部、海南岛、云南南部河口和西双版纳地区。此外，西藏墨脱县境内也有热带雨林的分布，这是世界热带雨林分布的最北边界，位于北纬 29°。

热带雨林为热带雨林气候及热带海洋性气候的典型植被。在热带雨林中，通常有三到五层的植被。热带雨林长得高大茂密，一般高度在30米以上。热带雨林有很多独特现象是其它森林所没有的。例如，大树具有板状的树根，在老茎杆上开花、结果；有很多小型植物附生在其它植物的枝、杆上；有的树木从空中垂下许多柱状的根，最后独树成林；林内大藤本非常丰富，有的长达数百米，穿梭悬挂于树木之间，使人难于通行。热带雨林物种的极端丰富性和植物生活类型的多样性并不能完全用达尔文的进化论来解释。热带雨林对大气平衡具有重要意义。

热带常绿雨林的典型土壤是砖红壤和具有灰化现象的红壤，前者分布在地势较高、排水良好、少雨季节的地区，后者分布在各季节降水丰沛、森林郁闭、草本植被缺乏的地区。雨林中的动物以小型、树栖动物为主。尤其是雨林中的昆虫众多。大象、河马等大型动物一般活动于雨林边缘或河谷地区。我国热带雨林中占优势的乔木树种是见血封喉、大青树、马椰果、菠萝蜜、橄榄科和棕榈科等。热带雨林中生物资源极为丰富，如三叶橡胶

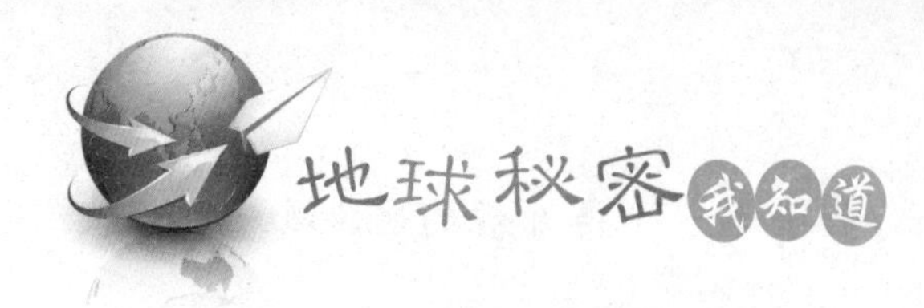


是世界上最重要的橡胶植物，可可、金鸡钠等是非常珍贵的经济植物，还有巴西橡胶、油棕、咖啡、剑麻等热带作物。

## 雨林里的土著居民

热带雨林也是那些靠山吃山的部落居民赖以生存的家园。今天，很少有雨林居民还保持原有的生活方式，大多数已放弃了原有的生活方式。在现有的雨林居民中，亚马逊养育了最多土著居民，这些居民仍然利用雨林来从事传统的狩猎和聚会。在非洲，雨林中的原住民有时是侏儒，矮小的身材使他们能够自如穿梭在雨林中。布须曼人与俾

亚马逊热带雨林

格米人，就是热带雨林中的两种特殊的人种。

布须曼人又称桑人，主要分布在纳米比亚、博茨瓦纳、安哥拉、津巴布韦、南非和坦桑尼亚。与蒙古人种接近，身材矮小，最高的女人只有1.38米左右，而男人最高也不超过1.60米。布须曼人有着黄里透红的皮肤，蒙古人的眼睛，高高的颧骨，浓密而卷曲呈颗粒状的头发。“布须曼人”，意为灌木丛中的人，为南部非洲和东非最古老的土著居民，无文字，一直过着狩猎和采集生活，大多仍处在原始社会的不同阶段；多信仰万物有灵，有部落图腾；按血缘群居，以鸵鸟蛋壳存贮饮水；擅长岩壁画，用各种矿物颜料、石灰、油烟加水和动物油调合涂色，以现实主义手法描绘狩猎和战争场面。布须曼人生活在最贫瘠和荒芜的沙漠地区，以狩猎和采集植物的根、茎及野果为生。在布须曼人部落中，男人负责外出狩猎，所捕获的动物在亲戚和朋友之间分享。女人则负责采集。

俾格米人分布在中非共和国、几内亚、喀麦隆、卢旺达、刚果、布隆迪、加蓬、安哥拉、赞比亚，以及亚洲的安达曼群岛、马来半岛、菲律宾和大洋洲某些岛屿。非洲俾格米人又称尼格利罗人，亚洲俾格米人又称尼格利陀人，意为小黑人。俾格米人身材矮小，头大腿短，皮肤暗黑，鼻宽唇薄，头发鬈曲，体毛发达。依靠狩猎、采集为生。身材最高1.4米生活在中部非洲森林里的俾格米人被称为非洲的“袖珍民族”，自称是“森林的儿子”。人类学家研究证实，俾格米人是居住在非洲中部最原始的民族。俾格米人头大腿短，长得精瘦，人人都腆着大肚子，肚脐眼凸起鸡蛋大小的肉疙瘩；脸上画着简单的花纹，身背自制的长弓短箭，出入热带原始森林；用芭蕉叶、棕榈叶当衣料，用象骨、甲虫、羚羊角、龟背壳等做项链、手镯；将采集到的各种野果子捣碎，把汁液与妇女的乳汁混合在一起做化妆品；听觉、视觉和嗅觉十分灵敏，是捕猎的高手；喜欢盐，爱吃白蚁，把森林视为“万能的父母”，不许砍伐生长着的树木。

## 白云蓝天下的草原

草原是指以近乎连绵不绝的禾草覆盖植物为主的植被地区，包括天然草原和人工草地。天然草原上生长的多是耐寒的旱生多年生草本和木本饲用植物组成的植物群落。人工草地是指通过人工措施而种植适宜的草种，包括经过改良的天然草地。草原主要分布于温带、热带，是一种地带性植被类型。草原的特点是：开阔平坦，视野宽广；有明显的干湿季之分；雨量在250～750毫米；缺乏高大的植物，动植物种类较少。我国草原以东北经内蒙古直达黄土高原，呈连续带状分布。主要分布于东北地区西部、内蒙古、黄土高原北部、西北荒漠地区山地和青藏高原。

草原是世界所有植被类型中分布最广的。广义的草原包括在较干旱环境下形成的以草本植物为主的植被，主要包括热带草原（热带稀树草原）和温带草原。狭义的草原只包括温带草原。草原可划分为四个类型：①草甸草原；②平草原；③荒漠草原；④高寒草原。草原是重要的畜牧业基地。热带草原通常位于沙漠和热带森林之间，温带草原通常位于沙漠和温带森林之间。热带草原主要见于东非洲撒哈拉沙漠以南的萨赫勒，还有澳大利亚。

温带草原主要出现北美洲、阿根廷和横跨乌克兰到中国的宽大区带。温带草原是指由温带半干旱至半湿润环境下多年生草本植物组成的地带性植被类型。

另外，依水热条件不同，草原可分为典型草原、荒漠化草原和草甸草原。典型草原是草原中分布最广泛的类型，由典型旱生草本植物组成，以丛生禾草为主；荒漠化草原为最干旱类型，由强旱生丛生小禾草组成；草甸草原是草原中较湿润类型，由中旱生草本植物组成。按热量生态条件，草原可分为中温型草原、暖温型草原和高寒型草原。在干旱的盐渍化条件下，还会形成盐湿草原、碱性草原。

泛滥草原又称河漫滩草地，是指湖泊四周、河道两岸滩地、山麓河道谷地，由于长期洪水泛滥、所带泥沙的淤积，或河水溢出河床、泥沙的沉积，而形成大面积或狭长的平坦草地。沿海由于海水经常回流泛滥、泥沙不断淤积，亦形成大面积滩涂草地。主要分布于河流下游低地、湖泊周围以及沿海滩涂。在干旱条件下发育形成的真旱生的多年生草本植物占优势、旱生小半灌木起明显作用的植被性草地，称为荒漠草原或漠境草原。这种草原在我国主要分布于内蒙古中北部、鄂尔多斯高原中西部、宁夏中部、甘肃东部、黄土高原西和北部、新疆的低山坡。海拔4000米以上，在高寒、干燥、风强条件下发育而成的寒旱生的多年生丛生禾草为主的植被型草地，称为高山草原（高寒草原）。这种草原在我国主要分布于青藏高原北部、东北地区、四川西北部，以及昆仑山、天山、祁连山上部。

世界著名的草原主要有：川西北大草原，地处四川、甘肃、青海三省结合部，由若尔盖、阿坝、红原、壤塘四县组成，为中国五大草原之一，面积35 600多平方千

呼伦贝尔大草原

米，由草甸草原和沼泽组成；希拉穆仁草原，南迎呼和浩特的暖风，北聆百灵庙的铃声；空中草原，位于河北涞源盆地和蔚县盆地之间；呼伦贝尔东部草原，被称为“绿色净土”，誉为“北国碧玉”；伊犁草原，展现出超然绝美的气质与外表，内有伊犁河谷；那拉提草原，位于新疆新源县东部，意为“最先见到太阳的地方”，有“鹿苑”之称；锡林郭勒草原，是我国境内最有代表性的丛生禾草枣根茎禾草（针茅、羊草）温性真草原，是目前我国最大的草原与草甸生态系统类型的自然保护区；鄂尔多斯草原，有大面积的草原和沙漠，以及上千个大小湖泊；川西高寒草原，包括雅安、甘孜，是世人寻找的香格里拉核心区。这里有著名的茶马古道，大部分居民是康巴藏族；那曲高寒草原，位于西藏北部，北与新疆、青海交界，东邻昌都，南接拉萨、林芝、日喀则，西与阿里相连；祁连山草原，地处甘肃、青海交界处，东起乌鞘岭的松山，西到当金山口，北临河西走廊，南靠柴达木盆地，有羊河、黑河、疏勒河三大水系，有白唇鹿、野驴、野牦牛、盘羊、雪豹、麝、斑尾榛鸡等动物；巴音布鲁克草原，位于新疆巴音郭楞和静县西北，天山南麓，面积约2.3万平方公里；元江干热河谷的稀树草原，在我国云南南部元江、澜沧江、怒江及其若干支流所流经的山地峡谷地区。另外，在新疆阿尔泰山以及塔尔巴哈台山、乌尔卡沙尔山、沙乌尔山等山地，分布着最漂亮的山地草原，这里的草原与哈萨克斯坦的草原连为一体，成为欧亚大陆草原的一部分。

## 地球上的惊涛骇浪——海洋

全球海洋分为数个大洋和面积较小的海。海，在洋的边缘，是大洋的附属部分，面积约占海洋的11%。海的水深比较浅，临近大陆，受大陆、河流、气候和季节的影响，海水的温度、盐度、颜色和透明度，都受陆地影响，有明显变化。海可以分为边缘海、内陆海和地中海。边缘海一般由一群海岛把它与大洋分开。我国的东海、南海就是太平洋的边缘海。内陆海，即位于大陆内部的海，如欧洲的波罗的海。地中海是几个大陆之间的海，水深一般比内陆海深。洋，是海洋的中心部分，是海洋的主体，面积约占海洋面积的89%。大洋的水深，一般在3000米以上，最深处可达1万多米。大洋离陆地遥远，不受陆地的影响，水文和盐度的变化不大。

研究证明，大约在50亿年前，从太阳星云中分离出一些星云团块。它们一边绕太阳旋转，一边自转。在运动过程中互相碰撞，有些

波罗的海的黄昏

团块彼此结合，逐渐成为原始地球。星云团块碰撞过程中，使原始地球不断受到加热增温；当内部温度达到足够高时，地内的物质包括铁、镍等开始熔解。在重力作用下，重的下沉并趋向地心集中，形成地核；轻者上浮，形成地壳和地幔。在高温下，内部的水分汽化与气体一起冲出来，飞升入空中。但由于地心的引力，不会跑掉，只在地球周围，成为气水合一的圈层。位于地表的一层地壳，在冷却凝结过程中，不断受到地球内部剧烈运动的冲击和挤压，形成地震与火山爆发，喷出岩浆与热气。开始，这种情况发生频繁，后来渐渐变少，慢慢稳定下来。这种轻重物质分化，在45亿年前完成。海洋地壳经冷却定形后，地球就像个久放而风干了的苹果，表面皱纹密布，凹凸不平，高山、平原、河床、海盆一应俱全。随着地壳逐渐冷却，大气的温度也慢慢降低，水气以尘埃与火山灰为凝结核，变成水滴，越积越多。由于冷却不均，空气对流剧烈，形成雷电狂风，暴雨浊流，雨越下越大，一直下了很久。滔滔洪水，通过千川万壑，汇集成巨大的水体，这就是原始的海洋。

实际上，海洋是红、黄、蓝、白、黑五色俱全。影响海水颜色的因素有悬浮质、浮游生物等。大洋中悬浮质较少，水色主要取决于海水的光学性质，因此，大洋海水多呈蓝色；近海海水，由于悬浮物质增多，所以，近海海水多呈浅蓝色；近岸或河口地城，由于泥沙颜色使海水发黄；某些海区当淡红色的浮游生物大量繁殖时，海水常呈淡红色。我国黄海主要是从黄土高原上流进的又黄又浊的黄河水而染黄的，因而得名黄海。介于亚非两洲间的红海，其一边是阿拉伯沙漠，另一边有从撒哈拉大沙漠吹来的干燥的风，海水水温及含盐量都比较高，因而海内红褐色的藻类大量繁衍，成片的珊湖以及海湾里的红色的细小海藻都为之镀上一层红色，因而得名红海。由于黑海的海底堆积大量污泥，这是促成黑海海水变黑的因素，另外，黑海多风暴、阴霾，特别是夏天狂暴的东北风，在海面上掀起灰色巨浪，海水抹黑一片，故得名黑海。白海是北

加勒比海

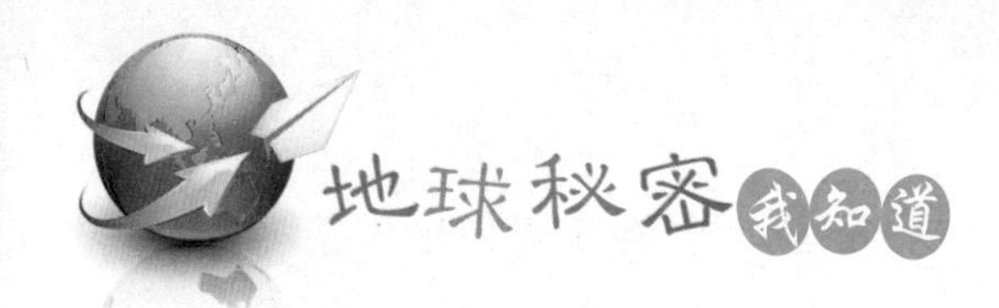


冰洋的边缘海，白海之所以得名是因为掩盖在海岸的白雪不化，厚厚的冰层冻结住它的港湾，海面被白雪覆盖。总之，彩色的海，是大自然的杰作。

海洋将成为21世纪的药库、未来的粮仓。而且海洋中富有油气田、稀锰结核、海底热液矿藏（又称“重金属泥”）。海洋能源、资源的开发与利用，海洋与全球变化、海洋环境与生态的研究是人类维持自身的生存与发展，拓展生存空间，充分利用地球上这块最后的资源丰富的宝地的最为切实可行的途径。世界共有4个洋，即太平洋、印度洋、大西洋、北冰洋。著名的海有地中海、加勒比海、白令海、鄂霍次克海、黄海、东海和日本海。

## 地球的水库——世界四大洋

地球上的海水是四通八达、连成一体的。世界海洋是以大洋为主体，与围绕它所附属的大海共同组成。全世界共有四大洋，即太平洋、大西洋、印度洋和北冰洋，主要的大海共有54个。下面我们就来分别介绍一番世界四大洋。

### ◆ 太平洋

太平洋是世界海洋中面积最阔、深度最大、边缘海和岛屿最多的大洋。位于亚洲、大洋洲、美洲和南极洲之间，北端的白令海海峡与北冰洋相连，南至南极洲，与大西洋和印度洋连成环绕南极大陆的水域。太平洋最早是由西班牙探险家巴斯科发现并命名的，“太平”即“和平”之意。16世纪，西班牙的航海家麦哲伦从大西洋经麦哲伦海峡进入太平洋并到达菲律宾，航行其间，天气晴朗，风平浪静，于是也把这一海域取名为“太平洋”。太平洋南北的最大长度约15 900千米，东西最大宽度约为109 900千米，总面积17 868万平方千米，平均深度3957米，最大深度11 034米。全世界有6条万米以上的海沟全部集中在太平洋，其渔获量，以及多金属结核的储量居世界各大洋之首。

### ◆ 大西洋

大西洋是世界第二大洋，位于南、北美洲和欧洲、非洲、南极洲之间，呈南北走向、“s”形。南北长大约1.5万千米，东西窄，最大宽度为2800千米，总面积约为9166万平方千米，平均深度3626米，最深处9219米，位于波多黎各海沟处。海洋资源丰富，盛产鱼类。海运特别发达，东、西分别经苏伊士运河和巴拿马运河沟通印度洋和太平洋。

### ◆ 印度洋

印度洋是世界第三大洋，位于亚洲、大洋洲、非洲和南极洲之间。面积约为7617万平方千米，平均深度3397米，最大深度的爪哇海沟达7450米。洋底中部有大致呈南北走向

印度洋

的海岭。水面平均温度20℃~27℃，其边缘海红海是世界上含盐量最高的海域。其石油最丰富，波斯湾是世界海底石油最大的产区。印度洋是世界最早的航海中心，是连接非洲、亚洲和大洋洲的重要通道。

◆ **北冰洋**

北冰洋位于地球的最北面，大致以北极为中心，介于亚洲、欧洲和北美洲北岸之间，是四大洋中面积和体积最小、深度最浅的大洋。面积约1479万平方千米，平均深度1300米，最大深度只有5449米。是四大洋中温度最低的寒带洋，终年积雪，千里冰封。每当这里的海水向南流进大西洋时，随时随处可见巨大的冰山随波飘浮。北冰洋有两大奇观，第一大奇观是一年中几乎一半的时间，连续暗无天日，而另一半日子，则多为阳光普照，只有白昼而无黑夜。第二大奇观是常见北极天空的极光现象。

## 地理学百花园

### 中国27个看海好去处

辽宁大连海滨、山东青岛海滨、山东威海海滨、山东蓬莱海滨、山东长岛、浙江舟山桃花岛、浙江舟山朱家尖、浙江普陀山、浙江温州南麂、浙江宁波象山、浙江舟山六横、福建厦门东山岛、福建泉州崇武、福建莆田湄洲岛、福建漳浦县红屿、福建漳浦县六鳌半岛、福建福清平潭岛、台湾金门岛、台湾澎湖、广东汕头南澳岛、广西北海、海南琼海博鳌、香港浪茄东平洲南丫岛、海南三亚亚龙湾、福建漳州林进屿、福建厦门鼓浪屿、山东烟台。

# 第三章

# 探寻地球体内的宝藏

地球是个矿物资源丰富的星球，其沉积岩中蕴藏着丰富的矿产。据统计，世界资源总储量的75～85%是沉积成因和沉积变质成因的。比如煤、油页岩、石油、天然气等能源几乎全是沉积成因的。我国铁矿的74%、铜矿的71%、铅矿的76%、锌矿的93%、汞矿的83%、锑矿的88%、锡矿的90%，都是沉积成因或与沉积变质成因而形成。诸如盐类矿产资源也很丰富，除了广泛分布的海成盐类矿床外，还有一类岩盐，即海盆或湖盆水体蒸发，盐分浓缩并且沉淀后，化学成因形成的“蒸发岩”，也叫“盐岩”，如钾石盐、光卤石、钾芒硝、石盐、苏打、石膏。即使是最平常的砾岩、砂岩，也是难得的“宝藏”，可以用来做路面石料、水泥拌料和建筑材料。而且在砾岩的基质和砂岩中常含有金、铂、金刚石、锡石等矿产。砂岩也是很好的储水层和储油气层。而黏土岩是主要的生油母岩。另外还有锰矿、铝土矿、磷矿等等各种的金属和非金属矿产均是人类经济社会发展所不可缺少的宝物。随着社会的进步和科学技术的发展，会有更多的地球宝藏被发现、被认识、被重新利用。本章就分别以地下水、金属矿、地热水、油气田、海上找油等为话题，来说一说地球身体内的诸多宝藏资源。

# 地下透视镜——地下水

地下水是指存在于地壳岩石裂缝或土壤空隙中的水。一般来说，广泛埋藏于地表以下的各种状态的水，统称为地下水。大气降水是地下水的主要来源。含水岩土分为两个带，上部是包气带，即非饱和带，这里除水以外，还有气体。下部为饱水带，即饱和带。饱水带岩土中的空隙充满水。狭义的地下水是指饱水带中的水。根据地下埋藏条件，地下水分为上层滞水、潜水和自流水三类。其中，上层滞水是指由于局部的隔水作用，使下渗的大气降水停留在浅层的岩石裂缝或沉积层中所形成的水体。潜水是指埋藏于地表以下第一个稳定隔水层上的地下水，潜水流出地面就形成泉。自流水是指埋藏较深的、流动于两个隔水层之间的地下水。当井或钻孔穿过上层顶板时，强大的压力就会使水体喷涌而出，形成自流水。据估算，全世界的地下水总量多达1.5亿立方千米。

从地理科学的角度来说，依据不同的标准地下水还有如下几种划分方法：一是按起源不同，分为渗入水、凝结水、初生水和埋藏水。渗入水是指降水渗入地下形成的水；凝结水是指水汽凝结形成的地下水；初生水是指由岩浆中分离出来的气体冷凝形成的水；埋藏水是指与沉积物同时生成或海水渗入到原生沉积物的孔隙中而形成的地下水。二是按矿化程度不同，分为淡水、微咸水、咸水、盐水、卤水。三是按含水层性质，分为孔隙

地下水

水、裂隙水、岩溶水。孔隙水是指疏松岩石孔隙中的水；裂隙水是指存于坚硬、半坚硬基岩裂隙中的重力水；岩溶水是指存于岩溶空隙中的水。四是按埋藏条件不同，分为上层滞水、潜水、承压水、包气带水。上层滞水是指埋藏在离地表不深、包气带中局部隔水层之上的重力水；潜水是指埋藏在地表以下、第一个稳定隔水层以上、具有自由水面的重力水；承压水是指埋藏并充满两个稳定隔水层之间的含水层中的重力水；包气带水是指潜水面以上包气带中的水，有吸着水、薄膜水、毛管水、气态水和暂时存在的重力水。

地下水的排泄主要有泉、潜水蒸发、向地表水体排泄、越流排泄和人工排泄。泉是地下水天然排泄的主要方式。地下水中分布最广的是钾、钠、镁、钙、氯、硫酸根和碳酸氢根 7 种离子。地下水中各种离子、分子和化合物的总量称总矿化度，总矿化度小于1克/升的，称淡水；1~3克/升的，称微水；3~10克/升的，称咸水；10~50克/升的，称盐水；大于 50 克/升的，称卤水。地下水中钙、镁、铁、锰、锶、铝等溶解盐类的含量称硬度，含量高的硬度大，反之硬度小。

地下水与人类的关系十分密切，井水和泉水是日常使用最多的地下水。但地下水过多，会引起铁路、公路塌陷，淹没矿区坑道，形成沼泽地。同时地下水有一个总体平衡问题，不能盲目和过度开发，否则容易形成地下空洞、地层下陷等问题。在矿坑和隧道掘进中，可能发生大量涌水，给工程造成危害。在地下水位较浅的平原、盆地中，潜水蒸发可能引起土壤盐渍化。地下水可作为居民生活用水、工业用水和农田灌溉用水的水源。含有特殊化学成分或水温较高的地下水，还可用作医疗、热源、饮料和提取有用元素的原料。

## 宝镜隔山照——金属矿

金属矿一般是指经冶炼可以从中提取金属元素的矿产。主要分为黑色金属矿、有色金属矿、贵金属矿、轻金属矿、稀有金属矿。其中黑色金属矿有铁、锰、铬、钒、钛等，有色金属矿包括铜、锡、锌、镍、钴、钨、钼、汞等，贵金属包括铂、铑、金、银等，轻金属矿包括铝、镁等，稀有金属矿包括锂、铍、稀土等。金属矿的共同特点主要表现在质地比较坚硬、有光泽等方面。金属矿产按物质成份、性质和用途可分为黑色金属矿产、有色金属矿产、贵金属矿产、有分散元素矿产、半金属矿产。金属矿物探中存在的主要问题，是如何加大勘探深度和提高区分异常的能力。确切了解引起物理异常的原因，才能正确区分矿和非矿。物探的工作成果，必须结合地质和化探进行综合解释推断，才能提高物探找金属矿的效果。有色金属是重要基础材料，应用于国民经济和国家安全的各个领域。

## 人类利用最广的金属——铁

铁是世界上发现最早，利用最广，用量最多的一种金属，其消耗量占金属总消耗量的95%。主要用于钢铁工业、机械生产、合成氨的催化剂（纯磁铁矿）、天然矿物颜料（赤铁矿、镜铁矿、褐铁矿)、饲料添加剂（磁铁矿、赤铁矿、褐铁矿）和名贵药石（磁石），以及冶炼含碳量不同的生铁和钢。生铁可分为炼钢生铁、铸造生铁、合金生铁；钢分为碳素钢、合金钢。其中合金钢是在碳素钢的基础上，加入适量的一种或多种元素的钢，加入的元素主要有铬、锰、钒、钛、镍、钼、硅。

中国是世界上利用铁最早的国家之一。早在19 000年前，周口店“山顶洞人”就开始使用赤铁矿粉作为赭红色颜料，涂于装饰品上或者随葬撒在尸体周围。新石器时代绘制赭红色彩陶的原料就是赭石（赤铁矿）。使用铁器制品有5000多年历史，开始是用铁陨石中的天然铁制成铁器。中国最早的陨铁文物是1972年在河北藁城台西村商代中期（公元前13世纪中期）遗址中

商代青铜钺

发现的铁刃青铜钺。我国用铁矿石直接炼铁，早期的方法是块炼铁，后来用竖炉炼铁。在春秋时代晚期已炼出可供浇铸的液态生铁，铸成铁器，并发明了铸铁柔化术。战国冶铁业兴盛，铁器制品以农具、手工工具为主，兵器则青铜、钢、铁兼有。

铁矿物种类繁多，具有工业利用价值的主要是磁铁矿、赤铁矿、磁赤铁矿、钛铁矿、褐铁矿和菱铁矿等。磁铁矿颜色为铁黑色、条痕为黑色、半金属光泽、不透明，包括钛磁铁矿、钒磁铁矿、钒钛磁铁矿、铬磁铁矿、镁磁铁矿；赤铁矿，即氧化铁，条痕为樱桃红色或鲜猪肝色，包括镜铁矿、云母赤铁矿、肾状赤铁矿；磁赤铁矿，颜色及条痕均为褐色，强磁性，包括针铁矿、纤铁矿；钛铁矿，即钛酸亚铁，呈不规则粒状、鳞片状或厚板状，颜色为铁黑色或钢灰色，条痕为钢灰色或黑色；菱铁矿，即碳酸亚铁，常见菱面体，亦有呈结核状、葡萄状、土状，黄色、浅褐黄色，玻璃光泽；黄铁矿，即过硫化亚铁，因其浅黄铜的颜色和明亮的金属光泽，常被误认为是黄金，故又称为“愚人金”。黄铁矿风化后会变成褐铁矿或黄钾铁矾。

铁矿石可分为自然类型和工业类型两大类。其中，自然类型按照含铁矿物种类可分为磁铁矿石、赤铁矿石、假象或半假象赤铁矿石、钒钛磁铁矿石、褐铁矿石、菱铁矿石以及混合矿石，按有害杂质含量的高低分为高硫铁矿石、低硫铁矿石、高磷铁矿石、低磷铁矿石等，按结构、构造分为浸染状矿石、网脉浸染状矿石、条纹状矿石、条带状矿石、致密块状矿石、角砾状矿石，以及豆状、肾状、蜂窝状、粉

暗红色铁矿石

状、土状矿石等，按脉石矿物分为石英型、闪石型、辉石型、斜长石型、绢云母绿泥石型、夕卡岩型、阳起石型、蛇纹石型、铁白云石型和碧玉型铁矿石等。工业类型分为工业上能利用的铁矿石，即表内铁矿石，包括炼钢用铁矿石、炼铁用铁矿石、需选铁矿石；工业上暂不能利用的铁矿石，即表外铁矿石。

自19世纪中期发明转炉炼钢法逐步形成钢铁工业大生产以来，钢铁一直是最重要的结构材料，是社会发展的重要支柱产业，是现代化工业最重要和应用最多的金属材料。所以，常把钢材的产量、品种、质量作为衡量一个国家工业、农业、国防和科学技术发展水平的重要标志。前苏联是全球铁矿最丰富的国家，总资源达517亿吨。其次是巴西，总资源260亿吨。加拿大居第3位，总资源260亿吨。澳大利亚总资源181亿吨。美国、法国、瑞典、南非等也都有比较丰富的铁矿资源。

## 利用历史悠久的锰矿

锰矿的利用史十分悠久。世界上利用锰矿物最早的国家有埃及、古罗马、印度和中国。我国利用锰矿物的历史可追溯到距今约4500~7000年的新石器时代的仰韶文化（彩陶文化）时期。由于软锰矿呈土状，颜色呈黑色，极易染手，因而在古时是一种奇妙的陶器着色颜料。锰元素的发现是1774年的瑞典矿物学家甘恩。

锰在空气中非常容易氧化。天然二氧化锰是制造干电池的原料。在加热条件下，粉状的锰与氯、溴、磷、硫、硅及碳元素都可

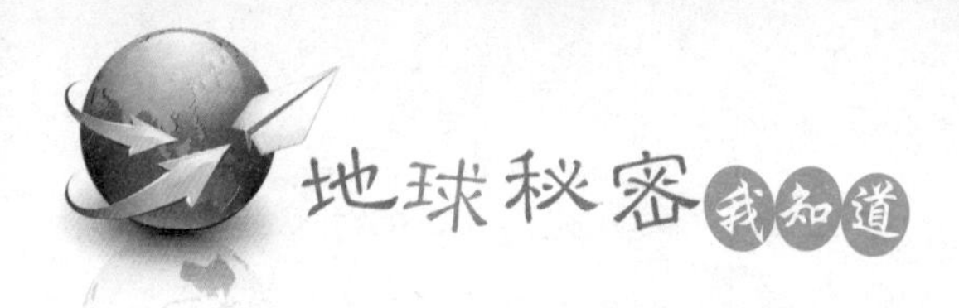


以化合，有强烈的亲石性质，但锰并不亲铁。自然界中已知的含锰矿物约有150多种，分别属氧化物类、碳酸盐类、硅酸盐类、硫化物类、硼酸盐类、钨酸盐类、磷酸盐类等。含锰量较高的矿物主要有软锰矿（颜色和条痕均为黑色，光泽暗淡，硬度低，极易污手，是炼锰的重要矿物原料）、硬锰矿（颜色和条痕均为黑色，半金属光泽）、水锰矿（矿物颜色为黑色，条痕呈褐色）、黑锰矿（颜色为黑色，条痕呈棕橙或红褐，半金属光泽）、褐锰矿（矿物呈黑色，条痕为褐黑色）、菱锰矿（呈玫瑰色，容易氧化而转变成褐黑色，玻璃光泽）、硫锰矿（颜色钢灰至铁黑色，风化后变为褐色，条痕呈暗绿色）。

锰在钢铁工业上的应用是各国冶金学家不懈努力的结果。1875年后，欧洲各国开始用高炉生产含锰15%～30%的镜铁和含锰达80%的锰铁。1890年用电炉生产锰铁，1898年用铝热法生产金属锰，并发展电炉脱硅精炼法生产低碳锰铁。1939年开始用电解法生产金属锰。最早开采的锰矿山是美国田纳西州惠特福尔德锰矿，始采于1837年。印度也是开采锰矿较早的国家之一，始采于1892年。第一次世界大战前，印度出口锰矿石一直居世界首位。1928年后被原苏联取代。此外盛产锰矿石的国家还有巴西、加纳、澳大利亚、南非和加蓬。

我国锰矿的地质找矿工作从1886年开始。1890年首先在湖北兴国州（今阳新）发现锰矿；1897年和1907年在湖南发现安仁、攸县、常宁、耒阳等锰矿；1910年发现广西防城大直、钦州黄屋屯锰矿；1913年和1918年，前后发现湖南湘潭上五都锰矿和广西木圭、江西乐华锰矿。大规模的锰矿地质勘查工作是在新中国成立后。我国最早开采的锰矿山是湖北阳新锰矿，始采于1890年。阳新锰矿停采后，汉

锰结核石

冶萍煤铁厂矿公司为了解决锰矿原料，于1908年在湖南常宁曲潭设常耒锰矿采运局，开采常宁、耒阳锰矿。

另外，锰结核是大洋底蕴藏着的极其丰富的矿藏资源。锰结核是沉淀在大洋底的一种矿石，表面呈黑色或棕褐色，又称多金属结核、锰矿球、锰矿团、锰瘤等，是一种铁、锰氧化物的集合体，形态有球状、椭圆状、马铃薯状、葡萄状、扁平状、炉渣状等。含有30多种金属元素，如锰、铜、钴、镍等。铜、钴、镍是陆地上紧缺的矿产资源。锰结核广泛分布于世界海洋2000~6000米水深海底的表层，而以生成于4000~6000米水深海底的品质最佳。总储量估计在30 000亿吨以上，如果按照目前世界金属消耗水平计算，铜可供应600年，镍可供应15 000年，锰可供应24 000年，钴可满足人类130 000年的需要。北太平洋分布面积最广，储量占总量的一半以上。

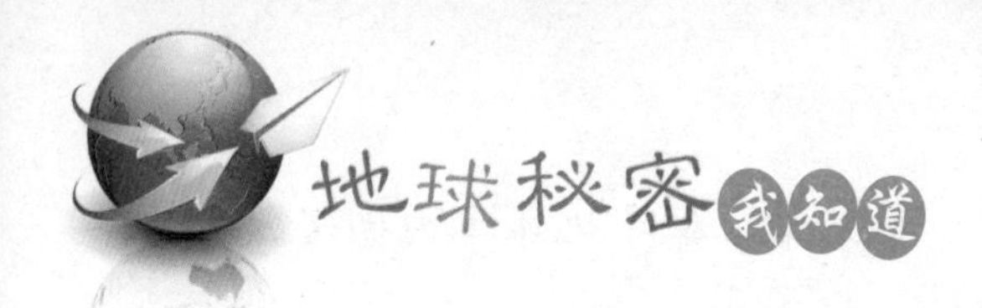


锰结核一是来自陆地、大陆或岛屿的岩石风化后释放出铁、锰等元素，其中一部分被海流带到大洋沉淀；二是来自火山，岩浆喷发产生的大量气体与海水相互作用时，从熔岩中搬走一定量的铁、锰，使海水中锰、铁越来越多；三是来自生物，浮游生物体内富集微量金属，它们死亡后，尸体分解，金属元素也就进入海水；四是来自宇宙，宇宙每年要向地球降落2000~5000吨宇宙尘埃，富含金属元素，分解后进入海洋。

地理学百花园

## 龙宫寻宝——海油

海油是指在内海、大陆架和深海海域开采石油和天然气的活动。海上油气开发涉及海洋学、气象学、水力学、流体力学、结构力学等学科，以及造船、航海、环境保护、材料、水声工程等技术，难度大。在海上开采石油、天然气，需应用海洋石油工程，建造各种海上平台和储油设施，为钻井、采油、储油设备和人员提供工作和生活场所。海上油气勘探、开发投资大，不确定因素多，风险较大。海上钻井比陆上钻井成本要高好几倍，且成功率较低。海油开发在工艺、技术、装备、方法上的特点有：一是充分利用效率高、成本低的地震勘探船，多做地震剖面，少钻井，以节约勘探投资。二是普遍发展定向钻井工艺。三是开采速度比陆地高，方法灵活。四是发展出一些适合海上的工艺设备和器具，如试油燃烧器、水下井口、水下器具、声呐答应器、基盘等。五是制造出一系列海上安全救生和环境保护的技术装备，如耐火救生艇、防寒救生服、围油栅、浮油回收装置等。

海上石油开发会对海洋环境造成一定的污染，如海洋石油物探过程中的人工地震往往形成强大的冲击压力，造成物理污染；井喷、试油、油轮碰撞、触礁、天然地震、冰情等所造成的采油平台倾覆、管线断裂等，都会产生大规模的溢油事故，污染海域。为防止污染，浅海物探地震应避开渔汛期，深海物探地震应采用空气枪、电火花、水力脉冲等笼中爆炸法。为避免大规模溢油事故，在钻井过程中应及时调整泥浆比重，平衡井下地层压力；采油井（特别是高产井）要安装井下安全阀和封隔器；要加强海底输油管线的防腐和监控；对于钻井试油时排出的油气，要采用燃烧办法加以处理。

## 人类文明的使者——铜

铜是人类最早发现和使用的金属之一，紫红色。铜及其合金由于导电率和热导率好，抗腐蚀能力强，易加工，抗拉强度和疲劳强度好而被广泛应用，是国计民生、国防工程、高新技术中不可缺少的基础材料和战略物资。铜主要用于电力和电讯工业。自人类从石器时代进入青铜器时代后，青铜被广泛用于铸造钟鼎礼乐之器，如商代晚期的司母戊大方鼎。所以，铜矿石被称为“人类文明的使者”。铜在四千多年前就使用了，最早使用的是紫红色自然铜（红铜），质软，富有延展性。还有一种绿得惹人喜爱的孔雀石，别名“铜绿”。孔雀石因其色彩像孔雀的羽毛而得名。用孔雀石制成的绿色颜料称为石

清初红铜骑驴人摆件

黄铜矿（铜与硫、铁的化合物），其次是辉铜矿和斑铜矿。铜矿有各种各样的颜色。斑铜矿呈暗铜红色，氧化后变为蓝紫斑状；辉铜矿铅灰色；铜蓝（硫化铜）靛蓝色；黝铜矿钢灰色；蓝铜矿（古称曾青或石青）呈鲜艳的蓝色。黄铜矿与黄铁矿有时凭直观很难区别，只要拿矿物在粗瓷上划条痕可立见分晓：绿黑色的是黄铜矿；黑色的便是黄铁矿。

绿。

铜是一种典型的亲硫元素，在自然界中主要形成硫化物，只有在强氧化条件下形成氧化物，在还原条件下形成自然铜。其矿物主要有自然铜、黄铜矿、斑铜矿、辉铜矿、铜蓝、方黄铜矿、黝铜矿、砷黝铜矿、硫砷铜矿、赤铜矿、黑铜矿、孔雀石、蓝铜矿、硅孔雀石、水胆矾、氯铜矿。我国选冶铜矿物原料主要是黄铜矿、辉铜矿、斑铜矿、孔雀石等。我国开采的主要是

南美洲的智利，号称“铜矿之国”。该国的“特尼恩特”铜矿是目前世界上最大的地下开采铜矿，年产铜锭30万吨。全世界探明的铜矿储量约6亿多吨，储量最多的国家是智利，约占世界储量的三分之

一。我国有不少著名的铜矿，如江西德兴、安徽铜陵、湖北大冶、山西中条山、甘肃白银厂、云南东川、西藏玉龙等。我国青铜文化的故里是湖北省大冶市。德兴铜矿是亚洲第一大铜矿。

## 航空贵重金属——钨

钨元素由瑞典化学家舍勒于1781年从白钨矿中发现的。1783年西班牙人德卢亚尔从黑钨矿中制得氧化钨，并用碳还原为钨粉。钨是一种分布较广泛的元素，几乎遍见各类岩石中，但含量较低。钨的重要矿物为钨酸盐。目前在地壳中仅发现有20余种钨矿物和含钨矿物，即黑钨矿族，包括钨锰矿、钨铁矿、黑钨矿；白钨矿族，包括白钨矿、钼白钨矿、铜白钨矿；钨华类矿物，包括钨华、水钨华、高铁钨华、钇钨华、铜钨华、水钨铝矿；不常见的钨矿物，包括钨铅矿、斜钨铅矿、钼钨铅矿、钨锌矿、钨铋矿、锑钨烧绿石、钛钇钍矿、硫钨矿等。其中具有开采价值的只有黑钨矿和白钨矿。我国选冶钨矿物原料主要是白钨矿。

钨呈银白色，是熔点最高的

钨银条

金属，熔点高达3400℃，居所有金属之首，沸点5555℃，并具有高硬度、高温强度和导电传热性能，耐腐蚀，不与盐酸或硫酸起作用，属高熔点稀有金属、难熔稀有金属，广泛应用于航天、原子能、船舶、汽车工业、电气工业、电子工业、化学工业等领域。含钨高温合金主要用于燃气轮机、火箭、导弹及核反应堆的部件。高比重钨合金用于反坦克和反潜艇的穿甲弹头。

我国钨矿于1907年发现于江西大余县西华山，开采始于1915—1916年。此后在南岭地区发现不少钨矿。第一次世界大战末期，钨精矿产量跃居世界钨精矿产量首位，至今仍居世界第一位。钨矿地质调查工作，由翁文灏先生创始于1916年。新中国成立后，为振兴钨业，在五六十年代开展了前所未有的大规模钨矿地质普查和勘探工作，发现了大吉山、岿美山、盘古山等黑钨矿床；在华南和甘肃等地又发现一批大型、超大型钨矿。江西大庾，是世界著名的“钨都”。鸦片战争后，德国人在那里首先发现钨，只花500元钱就秘密收买了矿权。爱国民众发现后，纷纷起来保矿、护矿。终于在1908年收回矿权。钨矿是我国的优势矿产资源，储量居世界第一，加拿大第二，俄罗斯第三。

## 太阳一样的金属——黄金

黄金以它的美丽、稀有、名贵、稳定和极好的延展性倍受人类的喜爱。新石器时代的人们用磨制的石器，将采来的自然金加工成各种形状的贡品和器物。金的化学元素符号是Au，来自拉丁文

AURNM，原意为曙光。黄金由于闪闪发光，人们习惯地把它和太阳相提并论。因而古人崇拜黄金像崇拜太阳一样。世界上没有任何一种金属能像黄金这样介入人类经济生活，并对人类社会产生重大影响。黄金的社会地位在人类数千年的文明史中，历尽沧桑，至今仍保持着神圣的光环，为世人共同追求的财富。

金在常温下为晶体，呈不规则粒状、团块状、片状、网状、树枝状、纤维状及海绵状集合体。纯金为金黄色，含杂质时颜色可相应变化，如含银或铂时颜色变淡；含铜时颜色变深。根据在试金板上划下的金的条痕色泽，可估计金的成色。高成色金条痕为赤黄色；含10%的银时其条痕为悦目的金黄色；含银20%～30%时为草黄色；银含量超过30%则具有黄中带绿的色调；含银超过50%则丧失金所固有的黄色而近于银白色。

金具有耀眼的光泽，随含银量的增加，反射率增高。金的挥发性极差，在熔点温度之上至1300℃几乎无挥发性，但在煤气和CO中挥发性大大增加。因此，在碳覆盖层下熔炼金会造成金的损失。金的延展性极好。1克纯金可拉成3500米长、直径0.00434毫米的细丝。金具有很强的抗腐蚀性，从常温到高温一般均不氧化。不溶于一般的酸和碱，但溶于某些混酸，如王水。碱金属的硫化物会腐蚀金，生成可溶性的硫化金。金具有亲硫性，常与硫化物如黄铁矿、毒砂、方铅矿、辉锑矿等共生，易与亲硫的银、铜等形成金属互化物，具有亲铁性，陨铁中含金比一般岩石高3个数量级。地球上99%以上的金进入地核。

金矿床矿物分为金矿物、含金矿物和载金矿物三类。金的独立矿物，是指以金矿物和含金矿物形式产出的金，是自然界中金最重要的赋存形式，也是工业开发利用的

狗头金

主要对象。目前已发现98种金矿物和含金矿物，主要有自然金、银金矿、金银矿、含铂钯自然金、银铜金矿、围山矿、四方铜金矿、碲金矿、碲金银矿、针碲金矿、硒金银矿、黑铋金矿、金银锑化物类矿物、硫金银矿。其中自然金、银金矿、金银矿分布最广，是金的最主要工业矿物。自然金按粒度分为明金、显微金、次显微金、次电子衍射金。

我国金的矿物主要是自然金和银金矿，少数矿床中有金银矿、碲金矿、针碲金银矿、碲金银矿和黑铋金矿等。狗头金是天然产出的，质地不纯的，颗粒大而形态不规则的块金。它通常由自然金、石英和其他矿物集合体组成。有人以其形似狗头，称为狗头金。有人以其形似马蹄，称为马蹄金。狗头金价值昂贵，被人们视为宝中之宝。狗头金有三种形态，即金包石、石包金和金包水。

找到狗头金，可以获得一笔可观的财富，因而它也成了人类福气的象征。迄今世界上已发现大于10公斤的狗头金约有8000～10000块。数量最多首推澳大利亚，占狗头金总量的80%。我国湖南省资水中下游是盛产狗头金地区。此外，四川白玉县，陕西南郑县、安康县，黑龙江呼玛县，吉林省桦甸县，青海省大通县、曲麻莱县，山东省招远市，河北省遵化县等，都相继发现狗头金。我国最近一次狗头金的发现是在1997年6月7日晚6时30分，由青海省门源县寺沟金矿第13采金队工人发现的，重达6577克，形状酷似一对母子猴，令人拍案叫绝。

## 仅次黄金的货币金属——银

银是人类最早发现和开采利用的金属元素之一。约在5000~6000年前，人类就已经认识自然银。16世纪以前，世界银矿的采冶中心位于地中海和亚洲地区，最大的银矿在希腊、西班牙、德国和中国。到了中世纪以后，世界采银业重心逐渐转到秘鲁、墨西哥、玻利维亚、美国、智利、加拿大和澳大利亚。我国是世界上发现和开采利用银矿最早的国家之一。早在新石器时代的晚期，我国古代劳动人民就认识银矿。战国至汉代的墓葬中，有银项圈、银器、银针等随葬品。宋元是我国古代银矿业发展时期。银在元代是一种主要货币。到了明清和民

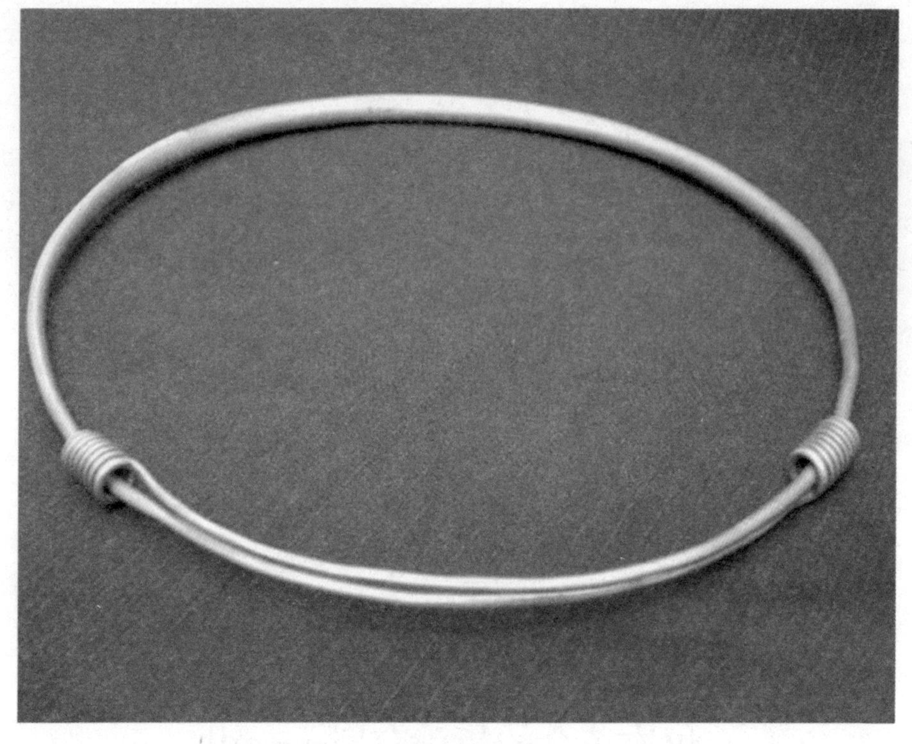

银项圈

国时期，银矿业曾一度停滞。

纯银为银白色，故称白银。在所有金属中，银的导电性、导热性最高，延展性和可塑性也好，易于抛光和造型。银还具有较强的抗腐蚀、耐有机酸和碱的能力。银不仅很早被用来作货币、饰品和器皿，而且在现代工业中也得到广泛应用。在电子、计算机、通讯、军工、航空航天、影视、照相等行业得到广泛应用。在影视和照相行业中，由于银的卤盐（溴化银、氯化银、碘化银）和硝酸银具有对光特别敏感的特性，因此可用来制作电影、电视和照相所需要的黑白与彩色胶片、底片、晒相和印相纸、印刷制版用的感光胶片、医疗与工业探伤用的X光胶片和航空测绘、天文宇宙探索与国防科学研究等使用的各种特殊感光材料。在机电和电气工业，银主要用作电接触材料、电阻材料、钎焊料、测温材料和厚膜浆料等。银钨合金、银钼合金、银铁合金等可广用于交通、冶金、自动化和航空航天等尖端工业；在厚膜工艺中，银浆料使用最早，导电最好。医疗卫生事业中，银泊丹、镇心丸具有定志养神、安脏之功用；银纱布、药棉可医治恶性溃疡；银盐具有良好的杀菌作用。在农业、气象上，碘化银用于人工降雨。

目前已知的银矿物和含银矿物有200多种，白银生产的主要矿物原料有自然银、银金矿、辉银矿、深红银矿、淡红银矿、角银矿、脆银矿、锑银矿、硒银矿、碲银矿、锌锑方辉银矿、硫锑铜银矿。银亲硫，在自然界中常以自然银、硫化物、硫盐等形式存在。通常最喜欢潜藏在方铅矿中，其次是赋存于自然金、黝铜矿、黄铜矿、闪锌矿等矿物中。因此在铅锌矿、铜矿、金矿的开采、冶炼过程中可回收银。在沉积作用中，银常与铜、金、铀、铅、锌或钒、磷等一起迁移，沉淀于砂岩、粘上页岩和碳酸盐岩类岩石中，当达到一定程度的富集，可形成沉积型或层控型银矿床。银矿物或含银矿物除独立呈粗粒单晶存在，嵌布于脉石矿物中外，还与方铅矿、闪锌矿、黄铁矿、黄铜矿等呈细微的连晶出现，或呈分散状态赋存于上述矿物之中。

全世界银矿主要分布在美国、加拿大、墨西哥、秘鲁和澳大利亚。我国居美国、加拿大之后，位居世界第三。我国银矿储量，以中南区最多，其次是华东，最少的是东北。保有储量最多的是江西，其次是云南。我国银矿的地质工作始于20世纪初，全国著名的银矿有山东十里堡、浙江银坑山、湖北银洞沟、陕西银硐子、河南破山、广东庞西洞、广西金山。

## 国家战略金属——稀土

稀土是1894年由芬兰化学家约翰·加得林发现，由于貌似土族氧化物，故名稀土元素。从1794年发现元素钇，到1945年在铀的裂变物质中获得钷，人们将元素周期表中的钪，钇、镧、铈、镨、钕、钷、

稀土矿矿石

钐、铕、钆、铽、镝、钬、铒、铥、镱、镥17个性质相近的元素列为一个家族，取名稀土元素，其中从镧到镥15个元素又称为镧系元素。稀土元素在地壳中以矿物形式存在，其状态主要有三种：一是作为矿物的基本组成元素，这类矿物称为稀土矿物，如独居石、氟碳铈矿等。二是作为矿物的杂质元素，这类矿物称为含有稀土元素的矿物，如磷灰石、萤石等。三是呈离子状态被吸附于某些矿物的表面或颗粒间，主要是各种粘土矿物、云母类矿物。

全世界共探明稀土储量5000万吨，其中中国占80%，其余主要产于美国、俄罗斯、印度和南非。已经发现的稀土矿物约有250种，用于工业提取稀土元素的矿物主要有四种，即氟碳铈矿、独居石矿、磷钇矿和风化壳淋积型矿。稀土的常见矿物有：独居石，又名磷铈镧矿，主要用来提取稀土元素。澳大利亚沿海、巴西及印度等沿海，以及斯里兰卡、马达加斯加、南非、马来西亚、中国、泰国、韩国、朝鲜等地都含有独居石的重砂矿床；氟碳铈矿，提取铈族稀土元素的重要矿物原料。铈族元素是制作喷气式飞机、导弹、发动机及耐热机械的重要材料。知最大的氟碳铈矿位于内蒙古的白云鄂博。品位最高的工业氟碳铈矿矿床是美国加利福尼亚州的芒廷帕斯矿；磷钇矿，用作提炼稀土元素的矿物原料；风化壳淋积型稀土矿，是我国特有的新型稀土矿物，主要分布在我国江西、广东、湖南、广西、福建等地。

稀土金属的应用领域主要有钢的脱硫、稀土球墨铸铁、打火石、有色金属合金、永磁材料、石油裂化催化剂、镧玻璃、玻璃脱色、荧光粉、激光器、储氢。广泛应用于冶金、石油、化工、轻纺、医药、农业等行业。通过对稀土原料的加工，已形成稀土永磁材料、稀土发光材料、稀土激光材料、稀土贮氢材料、稀土光纤材料、稀土磁光存储材料、稀土超导材料、稀土原子能材料等新型功能材料，被称为“绿色材料”，在电子信息、汽车尾气净化、电动汽车以及空间、海洋、生物技术、生理医疗等领域发挥巨大作用。目前应用最为成功的是镍氢电池，被称为“绿色电池”，可望成为电动汽车的电源。

我国稀土资源具有如下特点：一是储量分布高度集中，主要集中在内蒙古白云鄂博，其稀土储量占全国稀土总储量的90%以上，是我国轻稀土主要生产基地。二是轻、重稀土储量在地理分布上呈现“北轻南重”的特点，即轻稀土主要分布在北方地区，重稀土则主要分布在南方地区，尤其是在南岭地区。三是共伴生稀土矿床多，综合利用价值大。四是稀土矿产资源储量多、品种全，储量达1亿吨以上。

## 地理学百花园

### 大陆黑金——油气田

油田只产石油，油气田既产油又产气，油气经过分离一部分变成油产品，一部分变成天然气。油气田是单一地质构造（或地层）因素控制下的、同一产油气面积内的油气藏总和。在同一面积内主要为油藏的称油田，主要为气藏的称气田。油气田分为：构造型油气田，指产油气面积受单一的构造因素控制，如褶皱和断层。地层型油气田，指区域背斜或单斜构造背景上由地层因素控制（如地层的不整合、尖灭和岩性变化）的油气田。复合型油气田，是指产油气面积内不受单一的构造或地层因素控制，而受多种地质因素控制的油气田。

## 黑色的金子——煤矿

煤，俗称煤炭，被誉为黑色的金子，工业的食粮。煤炭是古代植物埋藏在地下经历了复杂的生物化学和物理化学变化逐渐形成的固体可燃性矿物。煤是最主要的固体燃料，是可燃性有机岩的一种。在各地质时期中，以石炭纪、二叠纪、侏罗纪和第三纪的地层中产煤最多，是重要的成煤时代。煤的含碳量一般为46%～97%，根据煤化程

煤

度的不同，可分为泥炭、褐煤、烟煤和无烟煤四类。

煤炭是千百万年来植物的枝叶和根茎，在地面上堆积而成的一层极厚的黑色的腐植质，由于地壳的变动不断埋入地下，长期与空气隔绝，并在高温高压下，经过一系列复杂的物理化学变化等因素，形成的黑色可燃沉积岩，这就是煤炭的形成过程。一座煤矿的煤层厚薄与这地区的地壳下降速度及植物遗骸堆积的多少有关。地壳下降的速度快，植物遗骸堆积得厚，这座煤矿的煤层就厚。石炭纪地球植物大繁盛，为煤的形成提供了强大的物质基础，后来的造山运动为煤的形成提供了外部条件。

煤主要有褐煤、烟煤、无烟煤、半无烟煤。褐煤，为块状，呈黑褐色，光泽暗，质地疏松，燃点低，容易着火，火焰大，冒黑烟，燃烧时间短，需经常加煤。烟煤，粒状、小块状，呈黑色而有光泽，质地细致，较易点燃，燃烧时上火快，火焰长，有大量黑烟，有粘性，燃烧时易结渣。无烟煤，有粉状和小块状两种，呈黑色，有金属光泽、发亮，燃点高，不易着火，火力强，火焰短，冒烟少。应掺入适量煤土，以减轻火力强度。

中国是世界上最早利用煤的国家。辽宁省新乐古文化遗址中，就发现有煤制工艺品，河南巩义市也发现有西汉时用煤饼炼铁的遗址。《山海经》中称煤为石涅，魏、晋时称煤为石墨或石炭。煤炭是地球上蕴藏量最丰富，分布地域最广的化石燃料。据世界能源委员会的评估，储量最大的国家依次为美国、中国、澳大利亚、印度、德国、南非和波兰。其中中国是世界上煤产量最高的国家。

# 工业的血液——石油

石油，又称原油，是从地下深处开采的棕黑色可燃粘稠液体，是各种烷烃、环烷烃、芳香烃的混合物。石油是古代海洋或湖泊中的生物经过漫长的演化形成的混合物，与煤一样属于化石燃料。石油的生成至少需要200万年的时间。在地球演化的漫长历史中，有一些“特殊”时期，如古生代和中生代，大量的植物和动物死亡后，构成其身体的有机物质不断分解，与泥沙或碳酸质沉淀物等物质混合组成沉积层。由于沉积物不断堆积加厚，导致温度和压力上升，沉积层变为沉积岩，进而形成沉积盆地，这就为石油的生成提供了基本的地质环境。当温度和压力达到一定程度后，沉积物中动植物的有机物质转化为碳氧化合物分子，最终生成石油和天然气。

最早提出“石油”一词的是公元977年北宋编著的《太平广记》。正式命名为“石油”的是北宋杰出科学家沈括，他根据这种油“生于水际砂石，与泉水相杂，惘惘而出”而命名。在“石油”一词出现之前，国外称石油为“魔鬼的汗珠”“发光的水”等，中国称“石脂水”“猛火油”“石漆”等。最早采集和利用石油的记载，是南朝范晔所著的《后汉书·郡国志》。晋代张华所著的《博物志》和北魏地理学家郦道元所著的《水经往》也有类似记载。石油还是我国古代最早使用的药物之一。明朝李时珍的《本草纲目》记载，石油可以

“主治小儿惊风，可与他药混合作丸散，涂疮癣虫癞，治铁箭入肉”。我国明代以后，石油开采技术流传到国外。明朝科学家宋应星的科学巨著《天工开物》，把长期流传下来的石油化学知识作了全面总结，对石油开采工艺作了系统叙述。我国早在公元1100年就钻成1000米的深井。

世界现代石油工业最早诞生于美国宾西法尼亚州的泰特斯维尔村。从这里开始利用钻井获取石油、利用蒸馏法炼制煤油，现代石油工业由此诞生。近海石油的勘探开发已有100多年的历史。1897年美国使用木制栈桥开始了第一次海洋钻井。1920年委内瑞拉搭制了木制平台进行钻井。1936年美国为了开发墨西哥湾陆上油田的延续部分，钻成第一口海上油井并建造了木制结构生产平台，1938年成功开发了世界上第一个海洋油田。第二次世界大战后，木制结构平台改为钢管架平台。

汽油、柴油、煤油、润滑油、沥青、塑料、纤维等都是从石油中

北海油田

提炼出来的。石油的成因有两种说法：一是无机论，即石油是在基性岩浆中形成的；二是有机论，即是由各种有机物如动物、植物，特别是低等的动植物，如藻类、细菌、蚌壳、鱼类等死后埋藏在不断下沉缺氧的海湾、潟湖、三角洲、湖泊等地，经过许多物理化学作用，最后逐渐形成为石油。原油的颜色非常丰富，有红、金黄、墨绿、黑、褐红、甚至透明。原油的颜色越浅其油质越好，透明的原油可直接加在汽车油箱中代替汽油。原油的成分主要有油质、胶质、沥青质、碳质。

从东西半球看，约3/4的石油集中于东半球，西半球占1/4；从南北半球看，石油资源主要集中于北半球；从纬度分布看，主要集中在北纬20°～40°和50°～70°两个纬度带内。波斯湾、墨西哥湾两大油区和北非油田，均处于北纬20°～40°内，集中了51.3%的世界石油储量；50°～70°纬度带内的著名油田有北海油田、俄罗斯伏尔加及西伯利亚油田和阿拉斯加湾油区。

中东海湾地区，被誉为“世界油库”，储量为1012.7亿吨，约占世界总储量的2/3。沙特阿拉伯、伊朗、伊拉克、科威特和阿联酋是著名石油国。其中，沙特阿拉伯居世界首位，伊朗居世界第三位。北美洲原油储量最丰富的国家是加拿大、美国和墨西哥。美国原油主要分布在墨西哥湾沿岸和加利福尼亚湾沿岸，以得克萨斯州、俄克拉荷马州、阿拉斯加州最多。墨西哥是世界第六大产油国。俄罗斯原油探明储量为82.2亿吨，居世界第八位，是世界第一大产油国。中亚的哈萨克斯坦也是原油储量丰富的国家。挪威、英国、丹麦是西欧原油储量最丰富的三个国家，其中挪威是世界第十大产油国。

非洲被誉为“第二个海湾地

区”，主要分布于西非几内亚湾地区和北非地区。利比亚、尼日利亚、阿尔及利亚、安哥拉和苏丹排名非洲原油储量前五位。尼日利亚是非洲第一大产油国。中南美洲的委内瑞拉、巴西和厄瓜多尔是该地区原油储量最丰富的国家。中国、印度、印度尼西亚和马来西亚，是亚太地区原油探明储量最丰富的国家。印尼的苏门答腊岛、加里曼丹岛，马来西亚近海的马来盆地、沙捞越盆地和沙巴盆地是亚太地区主要的原油分布区。

## 地理学百花园

### 我国的主要油田

我国石油资源集中分布在渤海湾、松辽、塔里木、鄂尔多斯、准噶尔、珠江口、柴达木和东海陆架八大盆地；天然气资源集中分布在塔里木、四川、鄂尔多斯、东海陆架、柴达木、松辽、莺歌海、琼东南和渤海湾九大盆地。我国主要的陆上石油产地有：大庆油田（位于黑龙江西部，松嫩平原中部，地处哈尔滨、齐齐哈尔之间）、胜利油田（地处山东北部渤海之滨的黄河三角洲地带，主要分布在东营、滨洲、德洲、济南、潍坊、淄博、聊城、烟台等境内，是我国第二大油田）、辽河油田（主要分布在辽河中上游平原以及内蒙古东部和辽东湾滩海地区，产量居全国第三位）、克拉玛依油田（地处新疆克拉玛依市，陆上原油产量居全国第四位）、四川油田（地处四川盆地，天然气产量占全国总量近一半，是我国第一大气田）、华北油田（位于河北省中部冀中平原的任丘市）、大港油田（位于天津市大港区）、中原油田（地处河南省濮阳地区）、吉林油田（地处吉林省扶余地区）、河南油田（地处豫西南的南阳盆地，横跨南阳、驻马店、平顶山三市）、长庆油田（主要在陕甘宁盆地）、江汉油田（主要分布在湖北潜江、荆沙，山东寿光、广饶以及湖南衡阳）、江苏油田（主要分布在江苏的扬州、盐城、淮阴、镇江）、青海油田（位于青海省西北部柴达木盆地）、塔里木油田（位于新疆南部的塔里木盆地）、吐哈油田（位于新疆吐鲁番、哈密盆地境内）、玉门油田（位于甘肃玉门市境内，为中国石油工业的摇篮）。

## 燃烧的气体——天然气

从广义来说，天然气是指自然界中天然存在的一切气体，包括大

天然气管线

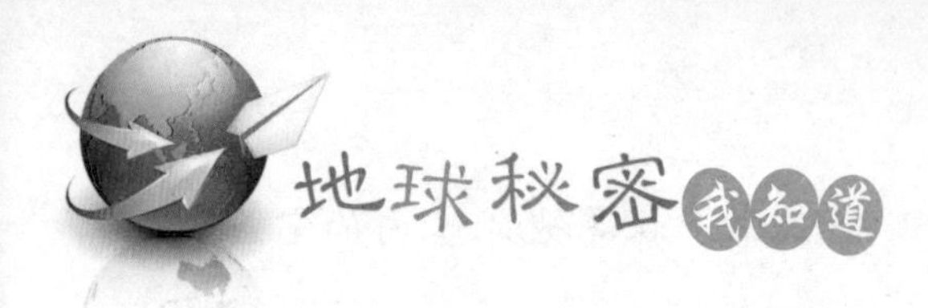


气圈、水圈、生物圈和岩石圈中各种自然过程形成的气体。而从能量角度出发的狭义定义，是指天然蕴藏于地层中的烃类和非烃类气体的混合物，主要存在于油田气、气田气、煤层气、泥火山气和生物生成气中。天然气分为伴生气、非伴生气两种。伴随原油共生，与原油同时被采出的油田气叫伴生气；非伴生气包括纯气田天然气、凝析气田天然气两种，在地层中都以气态存在。凝析气田天然气从地层流出井口后，随着压力和温度的下降，分离为气液两相，气相是凝析气田天然气，液相是凝析液，叫凝析油。

天然气是古生物遗骸长期沉积地下，经慢慢转化及变质裂解而产生之气态碳氢化合物，具可燃性。天然气蕴藏在地下多孔隙岩层中，主要成分为甲烷，比空气轻，具有无色、无味、无毒特性。依天然气蕴藏状态，又分为构造性天然气、水溶性天然气、煤矿天然气等三种。构造性天然气又分为伴随原油出产的湿性天然气，以及不含液体成份的干性天然气。天然气与石油生成过程既有联系又有区别。石油主要形成于深成作用阶段，由催化裂解作用引起，而天然气的形成则贯穿于成岩、深成、后成直至变质作用的始终；天然气的生成更广泛、更迅速、更容易，各种类型的有机质都可形成天然气。

天然气按成因可分为生物成因气、油型气和煤型气。生物成因气指成岩作用（阶段）早期，在浅层生物化学作用带内，沉积有机质经微生物的群体发酵和合成作用形成的天然气。油型气包括湿气（石油伴生气）、凝析气和裂解气。它们是沉积有机质特别是腐泥型有机质在热降解成油过程中，与石油一起形成的，或者是在后成作用阶段由有机质和早期形成的液态石油热裂解形成的。煤型气是指煤系有机质（包括煤层和煤系地层中的分散有机质）热演化生成的天然气。煤田开采中，经常出现大量瓦斯涌出的现象，这说明，煤系地层确实能生成天然气。煤型气可形成特大气田，在西西伯利亚北部、荷兰东部盆地和北海盆地南部等地层，均发现了特大的煤型气田。我国煤型气聚集的地区有华北、鄂尔多斯、四川、台湾—东海、莺歌海-琼东南，以及吐哈等盆地。

地球深部岩浆活动、变质岩和宇宙空间分布的可燃气体，以及岩石无机盐类分解产生的气体，都属于无机成因气或非生物成因气。属于干气，以甲烷为主，有时含$CO_2$、$N_2$、He及$H_2S$、Hg蒸汽等。目前世界上已发现的$CO_2$气田藏主要分布在中、新生代火山区、断裂活动区、油气富集区和煤田区。

中国沉积岩分布面积广，陆相盆地多，形成优越的多种天然气储藏的地质条件。陆上天然气主要分布在中部和西部地区，中国天然气资源的层系分布以新生界和古生界地层为主。中国天然气集中在10个大型盆地，即渤海湾、四川、松辽、准噶尔、莺歌海-琼东南、柴达木、吐-哈、塔里木、渤海、鄂尔多斯。

天然气燃烧后无废渣、废水产生，具有使用安全、热值高、洁净等优势。天然气主要成分是烷烃，其中甲烷占绝大多数，另有少量的乙烷、丙烷和丁烷，此外含有硫化氢、二氧化碳、氮和水气，以及微量的惰性气体，如氦和氩等。一般来说，甲烷至丁烷以气体状态存在，戊烷以上为液体。天然气除了是廉价的化工原料外，主要作为燃料使用，不仅作为居民的生活燃料，而且被用作汽车、船舶、飞机等交通运输工具的燃料。天然气的用途有：天然气发电、天然气化工工业（是制造氮肥的最佳原料）、城市燃气事业、压缩天然气汽车（以天然气代替汽车用油）。天然气与煤炭、石油并称目前世界一次能源的三大支柱。

## 地球深部的热泉——地热水

所谓地热资源就是以水为介质把热带到地表的温泉水。我国不少地方都有温泉出露，著名的北京小汤山温泉就是其中之一。地热与地球的构造有关。地球的构造像是一个半熟的鸡蛋，主要分为三层。地球的外表相当于蛋壳，这部分叫做地壳，厚度各处很不均一。地壳的下面相当于鸡蛋白，叫地幔，主要是由熔融状态的岩浆构成，厚度约为2900千米。地壳的内部相当于蛋黄的部分叫做地核，分为外地核和内地核。地球每一层的温度很不相同。从地表以下平均每下降100米，温度就升高3℃。根据资料推断，地壳底部和地幔上部的温度约为1100℃~1300℃，地核约为2000℃～5000℃。

地球上火山喷出的熔岩温度高达1200℃～1300℃，天然温泉的温度大多在60℃以上，有的甚至高达100℃～140℃。这说明地球是一个庞大的热库，蕴藏着巨大的热能。地壳内部的温度产生的热量，一般认为，是由于地球物质中所含的放射性元素衰变产生的热量。由于构造原因，地球表面的热流量分布不匀，这就形成了地热异常，如果具备盖层、储层、导热、导水等地质条件，就可进行地热资源的开发利用。

全球地热资源主要分布于：环太平洋地热带，有许多著名的地热田，如美国的盖瑟尔斯地热田、长谷地热田、罗斯福地热田；墨西哥的塞罗地热田、普列托地热田；

新西兰的怀腊开地热田；台湾的马槽地热田；日本的松川地热田、大岳地热田等。地中海—喜马拉雅地热带，是欧亚板块与非洲板块和印度板块的碰撞边界。世界第一座地热发电站意大利的拉德瑞罗地热田，以及西藏羊八井、云南腾冲地热田即在这个地热带中。大西洋中脊地热带，是大西洋海洋板块开裂部位。冰岛的克拉弗拉、纳马菲亚尔和亚速尔群岛等地热田就位于这个地热带。红海—亚丁湾—东非裂谷地热带，包括吉布提、埃塞俄比亚、肯尼亚等国的地热田。

除了在板块边界部位形成地壳高热流区而出现高温地热田外，在板块内部靠近板块边界部位，在一定地质条件下也可形成相对的高热流区。如我国东部的胶、辽半岛，华北平原及东南沿海等地。地热也可用于发电，即地热发电。据估计，地热的总蕴含量约为地球煤炭总能量的1.7亿倍。地热能直接利用于烹饪、沐浴及暖房。中国的地热水直接利用居世界首位，其次是日本。地热水的直接用途主要有采暖空调、工业烘干、农业温室、水产养殖、温泉疗养保健等。

农业温室

# 天生的神泉——温泉

温泉是一种由地下自然涌出的泉水，其水温高于环境年平均温5℃。一般来说，水温热到可以洗澡、煮水饺、川烫青江菜、涮羊肉的泉水就称为温泉。温泉中主要的成份包含氯离子、碳酸根离子、硫酸根离子，依这三种阴离子所占的比例可分为氯化物泉、碳酸氢盐泉、硫酸盐泉。另外还有重碳酸钠泉、重碳酸土类泉、食盐泉、氯化土盐泉、芒硝泉、石膏泉、正苦味泉、含铁泉、含铜铁泉。依地质特性分为火成岩区温泉、变质岩区温泉、沉积岩区温泉。根据温泉的温度、活动、型态等物理性质，分为低温温泉、中温温泉、高温温泉、沸腾温泉四种。

形成温泉必须具备地底有热源存在、岩层中具裂隙让温泉涌出、地层中有储存热水的空间三个条件。温泉的水多是由降水或地表水渗入地下深处，吸收四周岩石的热量后又上升流出地表的。泉水温度等于或略超过当地的水沸点的称沸泉；能周期性地、有节奏地喷水的温泉称间歇泉。温泉大多发生在山谷中河床上。一般说来，温泉的形成需具三条件：地下必须有热水存在；必须有静水压力差导致热水上涌；岩石中必须有深长裂隙供热水通达地面。台湾、广东、福建、江西、云南、西藏等地温泉较多，其中最多的是云南，腾冲的温泉最著名。世界上著名的间歇泉主要分布在冰岛、美国黄石公园和新西兰北岛的陶波。

温泉的形成可分为两种：一种是地壳内部的岩浆作用所形成，或为火山喷发所伴随产生。火山活动过的死活山地形区，因地壳板块运动隆起的地表，其地底下还有未冷却的岩浆，均会不断地释放出大量的热能。由于此类热源之热量集中，因此只要附近有孔隙的含水岩层，不仅会受热成为高温的热水，而且大部份会沸腾为蒸气，多为硫酸盐泉。二是受地表水渗透循环作用所形成。当雨水降到地表向下渗透，深入到地壳深处的含水层形成地下水，地下水受下方的地热加热成为热水，当热水温度升高，上面若有致密、不透水的岩层阻挡去路，会使压力愈来愈高，以致热水、蒸气处于高压状态，一有裂缝即窜涌而上。在开放性裂隙阻力较小的情况下，循裂隙上升涌出地表，形成温泉。

现代人渐渐把泡温泉作为休闲养生、解压甚至治疗的方法。秦始皇建“骊山汤”是为了治疗疮伤。唐太宗特建“温泉宫”，并亲自撰写了“温泉铭”，并刻碑纪念。我国著名的温泉地有新疆温泉县（有博格达尔温泉、鄂托克赛尔温泉、阿尔夏提温泉，分别被誉为“圣泉”“天泉”“仙泉”。泉水含有碘、硫、磷等多种矿物质，水质润滑，能治多种皮肤病，经常沐浴对关节炎、气管炎、高血压、胃病、眼病及妇女不孕等疗效极佳）、湖北咸宁温泉区（泉水呈淡黄色，含有硫酸盐、碳酸盐、钙、镁、钾、钠等，可防治皮肤病、风湿性关节炎、肠胃病、神经炎、溃疡病、感冒）、河南汝州市温泉镇（汝州温泉，史称“万古神汤”“温泉神水”，对一般性关节炎、皮肤病及妇科病有很好疗效，是全国罕见的优质医用矿泉水）。

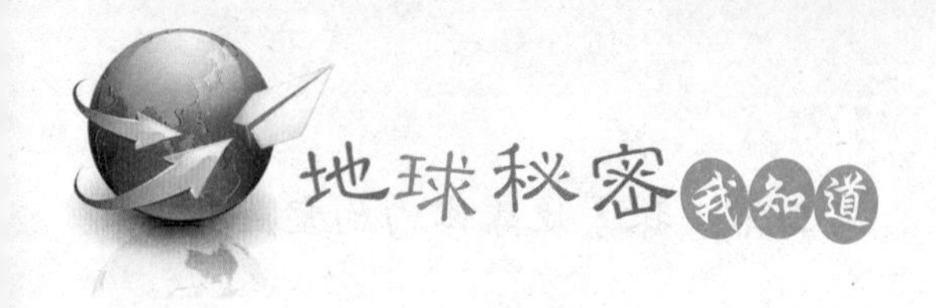


## 地理学百花园

### 温泉的用途

温泉的用途有洗澡、煮茶叶蛋、川烫青江菜、煮火锅、煮汤圆。温泉是一种自然疗法，其功能依不同的泉质有不同的疗效。比如，酸性碳酸盐泉，其疗效是美白肌肤；酸性硫酸盐氯化物泉，其疗效是对皮肤病具有疗效；酸性硫磺泉，其疗效是治疗皮肤病、风湿、妇女病及脚气；酸性硫酸岩泉，其疗效是治疗慢性皮肤病；碱性碳酸氢泉，其疗效是治疗神经痛、皮肤病、关节炎；弱酸性单纯泉，其疗效是治疗风湿症及皮肤病；弱碱性碳酸盐泉，其疗效是治疗皮肤病、风湿、关节炎；弱咸性碳酸泉，其疗效是治疗神经痛、皮肤病、关节炎；弱碱性硫磺泉，其疗效是治疗神经痛、贫血症、慢性中毒症；硫酸盐泉，其疗效是治疗皮肤病；硫酸盐氯化物泉，其疗效是治疗关节炎、筋肉酸痛、神经痛、痛风；硫磺碳酸泉，其疗效是治疗慢性疾病如神经痛、皮肤病、关节炎；碳酸氢盐泉，其疗效是治疗神经痛、皮肤病、关节炎、香港脚；碳酸硫磺泉，其疗效是治疗神经痛、贫血症；低温中性碳酸氢盐温泉，其疗效是治疗慢性皮肤病；中性碳酸温泉，其疗效是治疗皮肤病、风湿、妇女病及脚气；氯化物泉，其疗效是治疗皮肤病、风湿痛、神经痛。

第四章

# 阴晴突变的地球天气

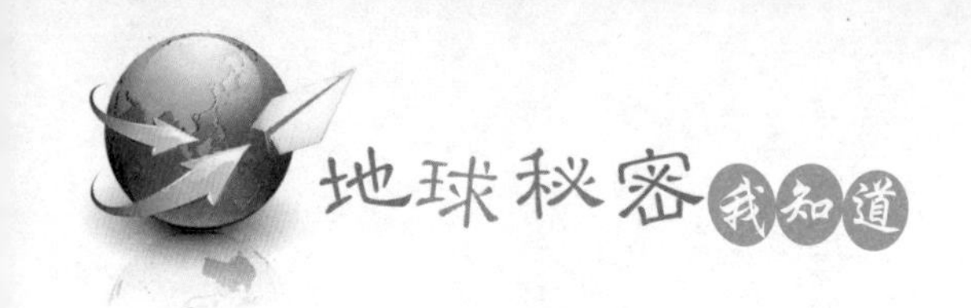


天气与人类社会的日常生活紧密相关。简单地说，天气其实就是地球大气的综合变化及性状。其与气候既有关系，又有区别。在自然地理中，地球气候从亘古到现在都在发生巨大变化。地球上与天气、气候有关的自然灾害包括龙卷风、台风、洪水、干旱等。而且由于纬度的不同，不同地区的气候有着显著的差异，比如极地气候、热带气候和稍高纬度上的亚热带气候、沙漠气候等等。这些不同的气候在一定程度上影响到该区域的日常天气形式。另外诸如地震、火山爆发、地球上的化石燃料燃烧（如煤、石油、天然气、甲烷包合物）、生态系统破坏等等，都会影响到区域性的小气候，进而形成与这些区域的气候相对应的天气形态。在整个天气系统中，正常形态的平和的天气，会产生春光明媚、和风送暖的景象，而非正常的极端的天气，则会形成诸如热带气旋、飓风、台风、地震、山崩、海啸、火山爆发、龙卷风、灰岩坑（地层下陷）、洪水、干旱等气候异常和灾难。因而研究、预报天气是件非常富有现实意义的事。本章我们就以天气为话题来谈一谈诸如一年四季、地球圈层、多样的气候、气温、气压、湿度、风、云、雨、雷电、冰雪、雾、霜、天气预报等知识。

# 话说一年四季

气象学上，划分四季最简单的方法是：3月至5月划为春季，6月至8月划为夏季，9月至11月划为秋季，12月至次年2月划为冬季。这是一种最简单的方法，但这种方法，不能反映不同地区的季节差异。在四季的划分上，我国与西方有所不同。我国的四季划分法，强调季节的天文特征，即夏季是一年中白昼最长，正午太阳最高的季节；冬季是一年中白昼最短，正午太阳最低的季节；春秋两季，昼夜均匀，正午太阳高度适中，是冬夏的过渡季节。

具体地说，我国的四季划分法是以二十四气中的“四立”（立春、立夏、立秋和立冬）为四季的起止，而以“二分二至”为四中点。也就是说，在我国，春季是以立春为起点，春分为中点，立夏为终点；夏季是以立夏

春

夏

为起点，夏至为中点，立秋为终点；秋季是以立秋为起点，秋分为中点，立冬为终点；冬季是以立冬为起点，冬至为中点，立春为终点。不过，我国的这种四季划分与实际的气候情况不符。例如，立春和立秋，是春秋季的开始，而在气候上仍是隆冬和盛夏；夏至和冬至，是夏季和冬季的中点，可在气候上，并非一年中最热和最冷的时候，因而其也需要完善、发展。

西方的四季划分侧重于气候方面，把“二分二至”看作四季的起点。这样的四季比我国的天文四季各推迟一个半月。例如，从立春至春分的一个半月，在我国属春季的前半部分，而在西方却是冬季的后半部分。总之，无论是我国的四季，还是西方的四季，都是按“二分二至”划分的，都有确切的天文含义。按天文上的定义，一年分成大致相等的四个季节；同一季节，在不同纬度都有同样的始终。而在气候上，春夏秋冬四季，不一定是长短相等的；同一季节，在不同纬度也会有不同的始终。所以，要使春夏秋冬四季反映

秋

冬

地面上的气候条件，必须采用气候本身的标准来划分四季。气候学上通常以候平均湿度（每5日的平均气温）作为季节的划分标准：候温高于22℃的时期为夏季，低于10℃为冬季，介于二者之间的为春季和秋季。这样，各地的春夏秋冬四季，都有共同的温度标准。

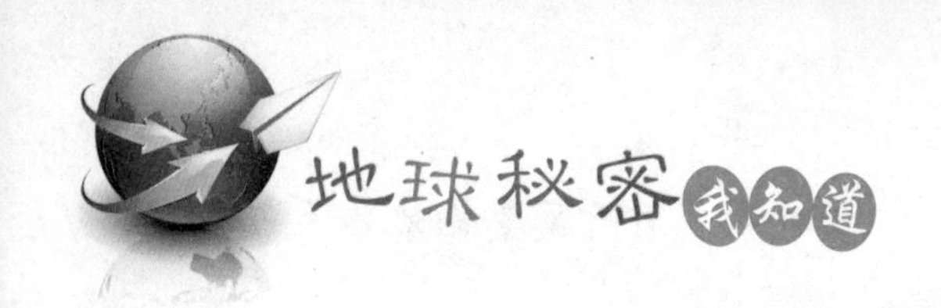


## 地理学百花园

### 我国的二十四气

二十四气分十二节气和十二中气。有时通称为节气，即通常说的二十四节气。其中，十二节气是立春、惊蛰、清明、立夏、芒种、小暑、立秋、白露、寒露、立冬、大雪、小寒；十二中气是雨水、春分、谷雨、小满、夏至、大暑、处暑、秋分、霜降、小雪、冬至、大寒。中气为农历确定月序的依据，没有中气的月份被视为上一个月的重复，称闰月。由于我国农历的历月及二十四气是严格按天文推算的，有时两中气之间的长度可能小于或大于历月平均长度，这样有时可能在一个历月中出现两个中气，下一历月则没有中气，这样的情况叫“假闰月”，不视为上一月的重复。

二十四气是我国劳动人民长期进行天文、气象和物候观测的经验总结，是我国古代的一项伟大科学成就。它的划分兼具天文季节、气候季节的特点。它的“二分二至”和“四立”（合称八节），表达的是天文季节；而雨水、惊蛰、清明、谷雨、小满、芒种、小暑、大暑、处暑、白露、霜降、小雪、大雪、小寒和大寒等，则表示气候和农事季节。其中的大暑和大寒，分别表示一年中最热和最冷的季节。大暑是夏至后第二气，即夏至后一个月，与传统的“三伏”中的中伏相当；大寒是冬至后第二气，即冬至后一个月，同传统的“三九”相近。民谚有“冷在三九，热在中伏”。

# 地球的外衣——圈层

地球圈层分为地球外圈和地球内圈两大部分。地球外圈进一步分为大气圈、水圈、生物圈和岩石圈四个圈层，其中岩石圈、软流圈和地球内圈一起构成“固体地球”。对于地球外圈中的大气圈、水圈、生物圈，以及岩石圈的表面，一般用直接观测和测量的方法进行研究。下面我们就来一一介绍大气圈、水圈、生物圈，以及岩石圈。

地球大气圈

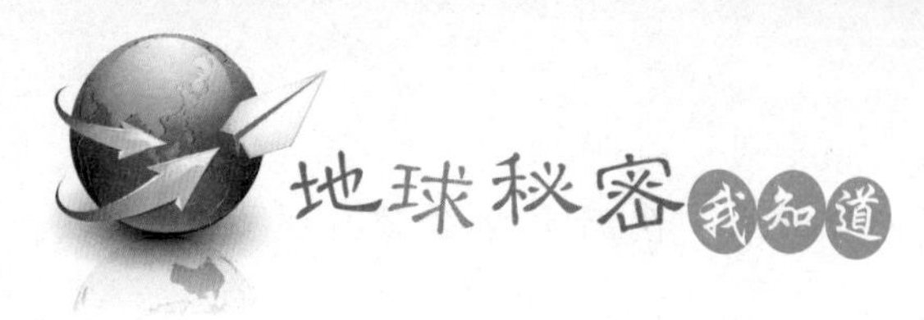


（1）大气圈。地球拥有一个由78%的氮气、21%的氧气、和1% 的氩气以及二氧化碳、水蒸汽组成的大气层。大气层是地球表面和太阳之间的缓冲带。地球大气的成份受生物圈影响。地球大气是分层的，包括对流层、平流层、中间层、热层和逸散层。大气圈和水圈相结合，组成地表的流体系统。

（2）水圈。地球是太阳系中唯一表面含有液态水的行星。水覆盖了地球表面71%的面积（96.5%是海水，3.5%是淡水）。水在五大洋和七大陆都存在。地球的太阳轨道、火山活动、地心引力、温室效应、地磁场以及富含氧气的大气等等这些因素相结合，使地球成为一颗水行星。水圈包括海洋、江河、湖泊、沼泽、冰川和地下水等，是一个连续但不规则的圈层。地球水圈的海洋水质量约为陆地水（包括河流、湖泊和表层岩石孔隙和土壤中的水）的35倍。

（3）生物圈。地球是目前已知的唯一拥有生命的地方。通常所说的生物，是指有生命的物体，包括植物、动物和微生物。据估计，现有生存的植物约有40万种，动物约有110多万种，微生物至少有10多万种。生物圈覆盖大气圈的下层、全部的水圈及岩石圈的上层。生物圈始于自35亿年前的进化，分为很多不同的生物群系，划分为植物群和动物群。在地面上，生物群落主要是以纬度划分，陆地生物群落在北极圈和南极圈内缺乏相关的植物和动物，大部分生物群落在赤道附近。由于存在地球大气圈、地球水圈和地表的矿物，在合适的温度条件下，形成了适合于生物生存的自然环境。现存的生物构成了地球上一个独特的圈层，是太阳系所有行星中仅在地球上存在的一个独特圈层。

（4）岩石圈。主要由地球的地壳和地幔圈中上地幔的顶部组成，从固体地球表面向下穿过地震波，在近33公里处所显示的第一个不连续面（莫霍面），一直延伸到软流圈为止。岩石圈厚度不均一，平均厚度为100千米。岩石圈及其表面形态与现代地球物理学、地球动力学有着密切的关系，因此，是现代地球科学中研究最多、最详细、最彻底的固体地球部分。整个固体地球的主要表面形态是由大洋盆地与大陆台地组成，对它们的研究，构成了“全球构造学”理论。

## 多种多样的气候

气候一词源自古希腊文，意为倾斜，指各地气候的冷暖同太阳光线的倾斜程度有关。气候是地球上某一地区多年时段大气的一般状态，是该时段各种天气过程的综合表现。气象要素（如温度、降水、风等）的各种统计量（如均值、极值、概率等）是表述气候的基本依据。也就是说，气候是长时间内气象要素和天气现象的平均或统计状态，时间尺度为月、季、年、数年到数百年以上。气候以冷、暖、干、湿这些特征来衡量。气候与人类社会有密切关系。我国春秋时代用圭表测日影以确定季节，秦汉时期有二十四节气、七十二候的完整记载。

由于太阳辐射在地球表面分布的差异，以及海、陆、山脉、森林等不同性质的下垫面在到达地表的太阳辐射的作用下所产生的物理过程不同，使气候除具有温度大致按纬度分布的特征外，还具有明显的地域性特征。按水平尺度大小划分，气候分为大气候、中气候与小气候。大气候是指全球性和大区域的气候，如热带雨林气候、地中海型气候、极地气候、高原气候等；中气候是指较小自然区域的气候，如森林气候、城市气候、山地气候以及湖泊气候等；小气候是指更小范围的气候，如贴地气层和小范围特殊地形下的气候。

在纬度位置、海陆分布、大气环流、地形、洋流等因素影响下，世界气候大致分为以下类型：热带雨林气候（高温高湿）、热带草原气候（分旱湿两季）、热带沙漠气候（高温少雨）、热带季风气候（分干温两季）、亚热带季风气候和季风湿润性气候（夏季高温多雨，冬季低温少雨）、亚热带沙漠气候（与热带沙漠气候相似，冬季气温稍比热带沙漠气候低）、亚热带草原气候（与热带草原气候相似，分布在亚热带）、地中海气候（冬季温和多雨，夏季炎热少雨）、温带海洋性

热带沙漠气候

气候（冬暖夏凉，年温差小）、温带大陆性气候（降水稀少，冬季严寒，夏季酷暑）、温带季风气候（夏季较暖，冬季较温和）、温带阔叶林气候（夏季炎热多雨，冬季寒冷干燥）、温带草原气候（夏暖冬寒）、温带沙漠气候（极端干旱，温差较大）、亚寒带针叶林气候（夏季温和，冬季寒冷）、山地气候（从山麓到山顶垂直变化）、极地苔原气候（冬长而冷，夏短而凉）、极地冰原气候（全年严寒）。

## 气温、气压和湿度

大气的温度简称气温，我国用摄氏温标，以℃表示，读做摄氏度。气温是人们通常使用的表示大气温度数值的大小，反映大气的冷热程度。人们根据水银热胀冷缩的原理发明了温度计，并将其安装在特殊的装置内，对气温进行自动连续监测。而天气预报中所说的气温，是在植有草皮的观测场中离地面1.5米高的百叶箱中的温度表上测得的。一般一天观测4次（即一天中的2点、8点、14点、20点四个时次）。

气压，一方面指在任何表面的单位面积上空气分子运动所产生的压力，另一方面是作用在单位面积上的大气压力，即等于单位面积上向上延伸到大气上界的垂直空气柱的重量。气压以百帕（hPa）为单位，取一位小数。常用单位是标准大气压。表示气压的单位，习惯上常用水银柱高度。例如，一个标准大气压等于760毫米高的水银柱的重量，它相当于一平方厘米面积上承受1.0336公斤重的

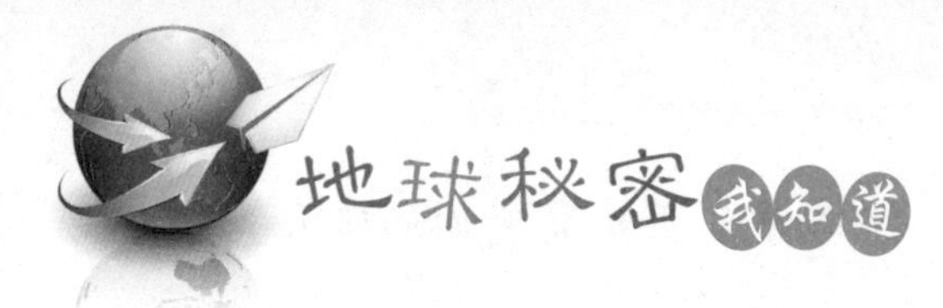


大气压力。经过换算：一个标准大气压=1013百帕（毫巴）；1毫米水银柱高=4/3百帕（毫巴）；1百帕（毫巴）=75毫米水银柱高。

空气的干湿程度叫做“湿度”，常用绝对湿度、相对湿度、比较湿度、混合比、饱和差、露点等物理量来表示；若表示在湿蒸汽中液态水分的重量占蒸汽总重量的百分比，则称之为蒸汽的湿度。湿度是表示大气干燥程度的物理量。一定温度下，在一定体积的空气里含有的水汽越少，则空气越干燥；水汽越多，则空气越潮湿。

二十四节气之惊蛰

## 地理学百花园

### 二十四节气歌

太阳从黄经零度起，沿黄经每运行15度所经历的时日称为“一个节气”。每年运行360度，共经历24个节气，每月2个。其中，每月第一个节气为“节气”，即立春、惊蛰、清明、立夏、芒种、小暑、立秋、白露、寒露、立冬、大雪和小寒等12个节气；每月的第二个节气为“中气”，即雨水、春分、谷雨、小满、夏至、大暑、处暑、秋分、霜降、小雪、冬至和大寒等12个节气。“节气” 和“中气”交替出现，各历时15天。现在把“节气”和“中气”统称为“节气”。二十四节气歌是：“春雨惊春清谷天，夏满芒夏暑相连；秋处露秋寒霜降，冬雪雪冬小大寒。”

另外还有二十四节气七言诗，即：“地球绕着太阳转，绕完一圈是一年。一年分成十二月，二十四节紧相连。按照公历来推算，每月两气不改变。上半年是六、廿一，下半年逢八、廿三。这些就是交节日，有差不过一两天。二十四节有先后，下列口诀记心间：一月小寒接大寒，二月立春雨水连；惊蛰春分在三月，清明谷雨四月天；五月立夏和小满，六月芒种夏至连；七月大暑和小暑，立秋处暑八月间；九月白露接秋分，寒露霜降十月全；立冬小雪十一月，大雪冬至迎新年。抓紧季节忙生产，种收及时保丰年。”

# 地球上的风的秘密

风常指空气的水平运动分量，包括方向、大小，即风向、风速。对于飞行来说，还包括风的垂直运动分量，即所谓垂直或升降气流。阵风，又称突风，是在短时间内风速发生剧烈变化的风。风能是分布广泛、用之不竭的能源。在内蒙古高原、东北高原、东南沿海以及内陆高山，都具有丰富的风能资源可作为能源开发利用。气象上的风向是指风的来向，航行上的风向是指风的去向。在气象中，常用风力等级来表示风速的大小。英国人蒲福于1805年拟定了“蒲福风级”，将风力分为 13个等级（0 ~ 12级）。1946年，风力等级增加到18个（0 ~ 17级）。

风和阵风对飞机飞行影响很

龙卷风

大。起飞和着陆时必须根据地面的风向和风速选择适宜的起飞、着陆方向；飞行中必须依据空中风向、风速及时修正偏流，以保持一定的航向和计算出标准的飞行时间；修建机场时必须根据风的气候资料确定跑道方位。另外风对飞机飞行性能也有影响，如飞机逆风飞行时，飞机升力将会增加。阵风则对飞机飞行载荷产生显著的影响，因而在飞行器的设计中需要给出描述阵风的模型和强度标准。

风也是农业生产的环境因子之一。我国盛行季风，对作物生长有利。风速适度对改善农田环境起着重要作用。诸如近地层热量交换、农田蒸散和空气中的二氧化碳、氧气等输送过程，均会随着风速的增大而加快或加强。另外，风可传播植物花粉、种子，帮助植物授粉、繁殖。同时，风对农业也会产生消极作用。如能传播病原体，蔓延植物病害。高空风是粘虫、稻飞虱、稻纵卷叶螟、飞蝗等害虫长距离迁飞的气象条件；大风会使叶片机械擦伤、作物倒伏、树木断折、落花落果而影响产量；还造成土壤风蚀、沙丘移动、毁坏农田。在干旱地区盲目垦荒，风将导致土地沙漠化；牧区的大风和暴风雪可吹散畜群，加重冻害；由海上吹来含盐分较多的海潮风，高温低温的焚风和干热风，都严重影响果树的开花、座果和谷类作物的灌浆。

## 地球的面纱——云

漂浮在天空中的云彩是由许多细小的水滴或冰晶组成的，有的是由小水滴或小冰晶混合在一起组成的。云是指停留大气层上的水滴

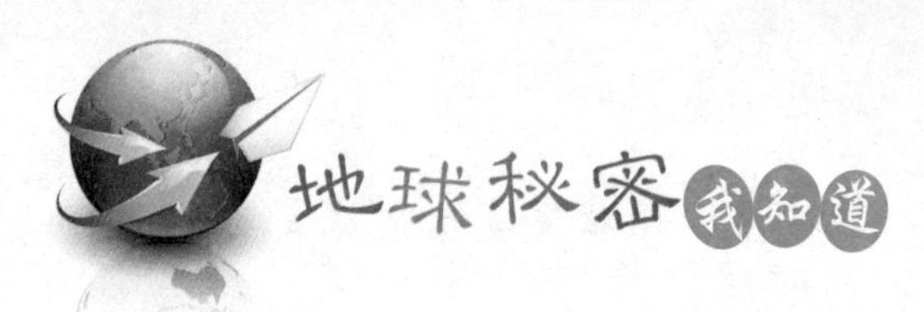

或冰晶胶体的集合体。云是地球上庞大的水循环的结果。太阳照在地球的表面，水蒸发形成水蒸气，一旦水汽饱和，水分子就会聚集在空气中的微尘（凝结核）周围，由此产生的水滴或冰晶将阳光散射到各个方向，就产生了云的外观。因为云反射和散射所有波段的电磁波，所以云的颜色成灰度色，云层比较薄时成白色，当变得太厚或浓密而使得阳光不能通过，就成灰色或黑色。

水汽从蒸发表面进入低层大气后，这里的温度高，所容纳的水汽较多，如果这些湿热的空气被抬升，温度就会逐渐降低，到了一定高度，空气中的水汽就会达到饱和。如果空气继续被抬升，就会有多余的水汽析出。如果那里的温度高于0℃，则多余的水汽就凝结成小水滴；如果温度低于0℃，则多余的水汽就凝化为小冰晶。在这些小水滴和小冰晶逐渐增多并达到人眼能辨认的程度时，就是云。云形成于当潮湿空气上升并遇冷时的区域，分为：锋面云，锋面上暖气团抬升成云；地形云，当空气沿着正地形上升时；平流云，当气团经过一个较冷的下垫面时形成的云；对流云，因空气对流运动而产生的云；气旋云，因气旋中心气流上升而产生的云。

我们可以根据云上的光彩现象，推测天气的情况。在太阳和月亮的周围，有时会出现一种美丽的七彩光圈，里层是红色的，外层是紫色的。这种光圈叫做晕。日晕和月晕常常产生在卷层云上，卷层云后面的大片高层云和雨层云，是大风雨的征兆。所以有“日晕三更雨，月晕午时风”的说法。另有一种比晕小的彩色光环，叫做“华”。颜色的排列是里紫外红，跟晕刚好相反。日华和月华大多产生在高积云的边缘部分。华环由小变大，天气趋向晴好。华环由大变

晕

月　华

小，天气可能转为阴雨。夏天，雨过天晴，太阳对面的云幕上，常会挂上一条彩色的圆弧，这就是虹。人们常说："东虹轰隆西虹雨。"意思是说，虹在东方，就有雷无雨；虹在西方，将有大雨。还有一种云彩常出现在清晨或傍晚，云层变成红色，这种云彩叫做霞。朝霞在西，表明阴雨天气在向我们进袭；晚霞在东，表示最近几天里天气晴朗。所以有"朝霞不出门，晚霞行千里"的谚语。

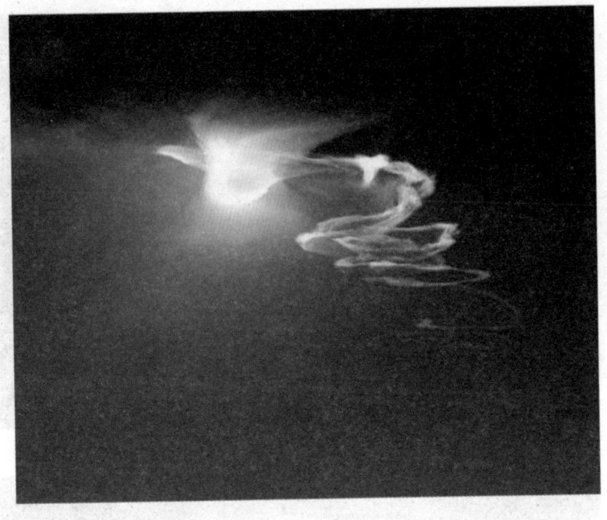
日 华

最轻盈、站得最高的云，叫卷云。这种云很薄，阳光可以透过云层照到地面，房屋和树木的光与影依然很清晰。如果卷云成群成行地排列在空中，好像微风吹过水面引起的鳞波，这就成了卷积云。像棉花团似的白云，叫积云，一朵朵分散着，云块四周散发出金黄的光辉。积云都在上午出现，午后最多。高积云是成群的扁球状的云块，排列很匀称，云块间露出碧蓝的天幕。卷云、卷积云、积云和高积云，都是很美丽的。雨雪将要来临的时候，卷云聚集着，天空出现一层薄云。这种云叫卷层云。卷层云慢慢向前推进，天气就转阴，朦胧不清，这时卷层云叫高层云。出现高层云，往往在几个钟头内便要下雨或下雪。最后，云压得更低，变得更厚，天空被暗灰色的云块密密层层地布满。这种云叫雨层云，连绵不断的雨雪也就降临了。

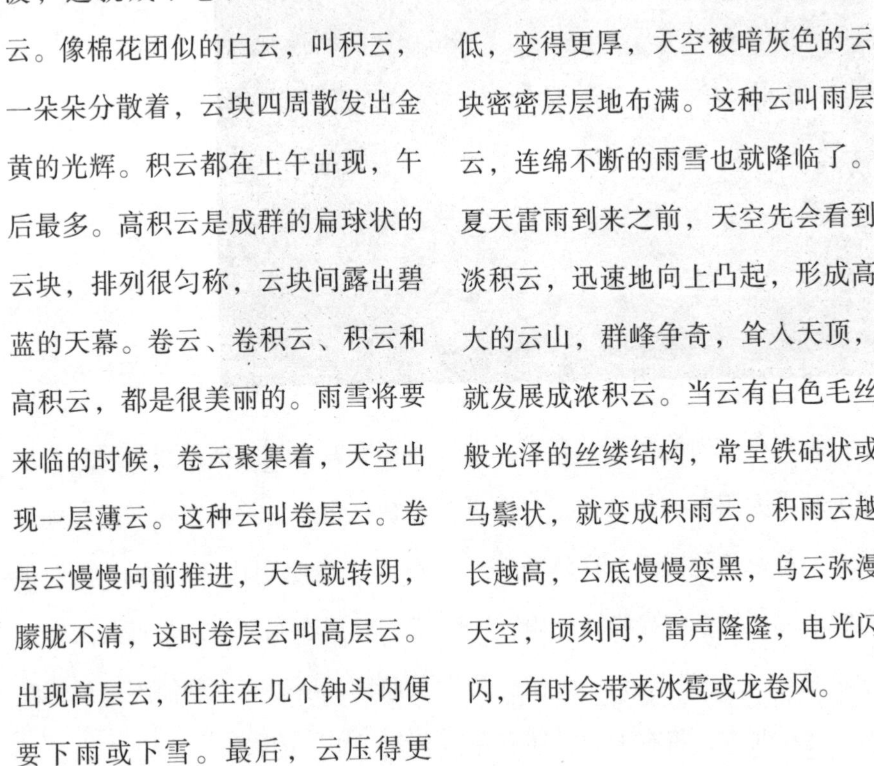

夏天雷雨到来之前，天空先会看到淡积云，迅速地向上凸起，形成高大的云山，群峰争奇，耸入天顶，就发展成浓积云。当云有白色毛丝般光泽的丝缕结构，常呈铁砧状或马鬃状，就变成积雨云。积雨云越长越高，云底慢慢变黑，乌云弥漫天空，顷刻间，雷声隆隆，电光闪闪，有时会带来冰雹或龙卷风。

## 地理学百花园

### 云的形态与分类

云主要有三种形态：一大团的积云、一大片的层云和纤维状的卷云。云的分类最早由法国博物学家拉马克于1801年提出。1929年，国际气象组织以英国科学家路克制定的分类法为基础，按云的形状、组成、形成原因等把云分为十大云属，又分为高云族、中云族、低云族三个云族。具体地说，高云族是指形成于6000米以上高空，对流层较冷的部份的云，一般呈纤维状，薄而透明，包括卷云（具有丝缕状结构，柔丝般光泽，分离散乱的云。又分成毛卷云、密卷云、钩卷云、伪卷云）、卷积云（似鳞片或球状细小云块组成的云片或云层，常排列成行或成群）、卷层云（白色透明的云幕，日、月透过云幕时轮廓分明，地物有影，常有晕环，又分成薄幕卷层云、毛卷层云）。

中云族是指于2500米至6000米的高空形成的云，包括高积云（云块较小，轮廓分明，常呈扁圆形、瓦块状、鱼鳞片，或是水波状的密集云条，又分成透光高积云、蔽光高积云、荚状高积云、积云性高积云、絮状高积云、堡状高积云）、高层云（带有条纹或纤缕结构的云幕，颜色灰白或灰色，有时微带蓝色，又分成透光高层云、蔽光高层云）。

低云族是指在2500米以下的大气中形成的云，包括雨层云（厚而均匀的降水云层，完全遮蔽日月，呈暗灰色，布满全天，常有连续性降水，又分成雨层云、碎雨云）、层积云（团块、薄片或条形云组成的云群或云层，常成行、成群或波状排列，又分成透光层积云、蔽光层积云、积云性层积云、堡状层积云、荚状层积云）、层云（低而均匀的云层，象雾，但不接地，呈灰色或灰白色，又分成层云、碎层云）。

直展云族有非常强的上升气流。带有大量降雨和雷暴的积雨云可从接近地面的高度开始，然后一直发展到75000尺的高空，包括积云（垂直向上发展的、顶部呈圆弧形或圆拱形重叠凸起，而底部几乎是水平的云块，云体边界分明，又分成淡积云、碎积云、浓积云）、积雨云（云体浓厚庞大，远看很象耸立的高山，又分成秃积雨云、鬃积雨云）。另外还有凝结尾迹（喷式飞机在高空划过时所形成的细长而稀薄的云）、夜光云。

## 地球的泪或汗——雨

雨的成因多种多样，表现形态也各具特色，有毛毛细雨，有连绵不断的阴雨，还有倾盆而下的阵雨等。地球上的水受到太阳光的照射后，就变成水蒸气被蒸发到空气中去了。水汽在高空遇到冷空气便凝聚成小水滴。这些小水滴都很小，直径只有0.01～0.02毫米，最大也只有0.2毫米。它们又小又轻，被空气中的上升气流托在空中。这些小水滴要变成雨滴降到地面，体积大约要增大100多万倍。

雨滴的增大主要依靠两个手段：一是凝结和凝华增大。二是依靠云滴的碰壮增大。在雨滴形成的初期，云滴主要依靠不断吸收云体四周的水气来使自己凝结和凝华。如果云体内的水气能源源不断得到供应和补充，使云滴表面经常处于过饱和状态，那么凝结过程会继续下去，使云滴不断增大，成为雨滴。如果云内出现水滴和冰晶共存的情况，那么凝结和凝华增大的过程将加快。当大云滴越长越大，最后大到空气再也托不住它时，便从云中直落到地面，成为我们常见的雨水。

我们都知道雨是无色透明的液体，可是世界上有很多地方都下过奇怪的雨。比如：一是黄色的雨。在我国兴安岭地区，每年5～6间，会下“杏黄雨”。其实是松花粉染色的结果。因为这时正当松花盛开的季节，林海上空的黄色花粉和水气粘在一起，便成了“黄雨”。二是红色的雨。1608年，在法国曾降落一场十分可怕的“血雨”。这场“血雨”是由大西洋的庞大气旋从北非沙漠地带，把大量微红色和赭石色的尘土带入空中，并和雨点相混而形成的。三是银币雨。1940年，在前苏联的一个小村庄下了一阵银币雨，村民们争相拾拣，认为是“上天的恩赐”，其实是暴雨把

雨

古代埋在地里的银币冲刷出来后，被一股旋风卷到村庄上空降落下来的。四是报时雨。在印度尼西亚爪哇岛南部的土隆加贡，每天都要下两场非常准时的大雨：第一次是下午3点钟，第二次是下午5点半，十分准时，从未发生过差错。另外还有青蛙雨、麦子雨、珍珠雨等等。

## 地球的光芒——雷电

雷电是伴有闪电、雷鸣的一种放电现象。雷电一般产生于对流发展旺盛的积雨云中，常伴有强烈的阵风和暴雨，有时还伴有冰雹和龙卷风。积雨云顶部一般较高，可达20千米，云的上部常有冰晶。水滴的破碎以及空气对流等过程，会使云中产生电荷。总体而言，云的上部以正电荷为主，下部以负电荷为主。因此，云的上、下部之间形成一个电位差。当电位差达到一定程度后，就会产生放电，这就是

雷　电

闪电。闪电的平均电流是30 000安培，最大电流可达300 000安培。闪电的电压约为1亿至10亿伏特。一个中等强度雷暴的功率相当于一座小型核电站的输出功率。放电过程中，由于闪道中温度骤增，使空气体积急剧膨胀，从而产生冲击波，导致强烈的雷鸣。带有电荷的雷云与地面的突起物接近时，它们之间就发生激烈的放电，出现强烈的闪光和爆炸的轰鸣声。

我国是一个多自然灾害的国家，雷电灾害有不少，最为严重的是广东以南的地区，如东莞、深圳、惠州的雷电自然灾害达到世界之最，其中东莞最为严重。雷电对人体的伤害，有电流的直接作用和超压、高温作用。当人遭受雷电击的一瞬间，电流迅速通过人体，轻者可耳鼓膜或内脏破裂；重者可导致心跳、呼吸停止、脑组织缺氧而死亡。另外雷击产生的火花，会造成不同程度的皮肤灼伤。

## 朦胧的美景——雾

当大气中因悬浮的水汽凝结，能见度低于1千米时，气象学称这种天气现象为雾。当空气容纳的水汽达到最大限度时，就达到饱和。而气温愈高，空气中所能容纳的水汽也愈多。比如，1立方米的空气，气温在4℃时，最多能容纳的水汽量是6.36克；气温是20℃时，1立方米的空气中最多可以含水汽量17.30克。如果空气中所含的水汽多于一定温度条件下的饱和水汽量时，多余的水汽就会凝结出来；当足够多的水分子与空气中微小的灰尘颗粒结合在一起，同时水分子本身也会相互

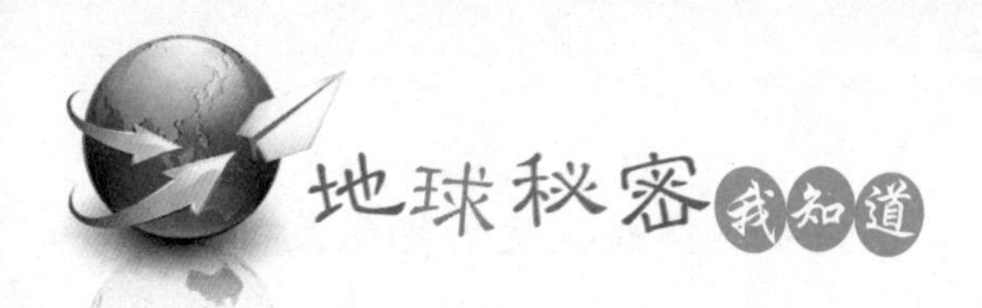


粘结，就变成小水滴或冰晶。

空气中的水汽超过饱和量，凝结成水滴，这主要是气温降低造成的。如果地面热量散失，温度下降，空气又相当潮湿，那么当它冷却到一定的程度时，空气中一部分的水汽就会凝结出来，变成很多小水滴，悬浮在近地面的空气层里，就形成了雾。雾实际上是靠近地面的云。一般来说，秋冬早晨雾特别多。这是因为白天温度比较高，空气中可容纳较多的水汽。但是到了夜间，温度下降了，空气中能容纳的水汽的能力减少了，因此，一部分水汽会凝结成为雾。在秋冬季节，由于夜长，而且出现无云风小的机会较多，地面散热较夏天更迅速，以致使地面温度急剧下降，这样就使得近地面空气中的水汽，容易在后半夜到早晨达到饱和而凝结成小水珠，形成雾。秋冬的清晨气温最低，便是雾最浓的时刻。

雾与人的身体健康有一定的关系。雾天，污染物与空气中的水汽相结合，将变得不易扩散与沉降，使得污染物大部分聚集在人们经常活动的高度。而且，一些有害物质与水汽结合，会变得毒性更大，如二氧化硫变成硫酸，氯气水解为氯化氢或次氯酸。因此，雾天空气的污染比平时要严重得多。另外就是组成雾核的颗粒很容易被吸入，容易在人体内滞留，而锻炼身体时吸入空气的量与吸入的颗粒会很多，这就加剧了有害物质对人体的损害程度。因此，雾天不宜锻炼身体。

雾在某些地区会形成特殊的景观，比如重庆被称为“雾城”，此城位于长江、嘉陵江汇合处，每年平均云雾天气达170天以上。而英国伦敦市区因常常充满潮湿的雾气，因此有 “雾都”的别名。20世纪初，伦敦人使用煤作为家居燃料，产生大量烟雾。这些烟雾再加上伦敦气候，造成了伦敦“远近驰名”的烟霞（伦敦雾）。1952年12月5日至9日，伦敦烟雾事件令4000人死亡，英国政府因而于1956年被迫推行《空气清净法案》，禁止使用产生浓烟的燃料。如今伦敦的空气质量得到明显改观。

伦敦雾

## 冬天的来客——霜

在寒冷季节的清晨，草叶、土块上常会覆盖一层霜的结晶。它们在初升起的阳光照耀下闪闪发光，太阳升高后就融化，这种现象叫“下霜”。每年10月下旬，有“霜降”这个节气。其实，霜不是从天空降下来的，而是在近地面的空气里形成的。霜是一种白色冰晶，多形成于夜间，日出后不久霜就融化了。但在天气严寒的时候或在背阴的地方，也能终日不消。霜的消失有两种方式：一是升华为水汽，一是融化成水。霜所融化的水，对农作物有一定好处。

云对地面物体夜间的辐射冷却是有妨碍的，天空有云不利于霜的形成，因此，霜大都出现在晴朗的夜晚。风对霜的形成也有影响。有微风的时候，空气缓慢地流过冷物体表面，不断供应水汽，有利霜的形成。但风大时，由于空气流动很快，接触冷物体表面的时间太短，上下层的空气容易互相混合，不利于温度降低，从而会妨碍霜的形成。一般来说，当风速达到3级或3级以上，霜就不容易形成。因此，霜一般形成在寒冷季节里晴朗、微风或无风的夜晚。霜的出现，说明当地夜间天气晴朗并寒冷，大气稳定，地面辐射降温强烈。因此，我国民间有“霜重见晴天”的谚语。

霜的形成不仅和天气条件有关，而且与所附着的物体属性有关。一种物体，如果与其质量相比，表面积相对大的，那么在它上面就容易形成霜。草叶很轻，表面积却较大，所以草叶上就容易形成霜。另外，物体表面粗糙的，要比表面光滑的更有利于辐射散热，所以在表面粗糙的物体上更容易形成

霜

霜，如土块。一般来说，当物体表面的温度很低，而物体表面附近的空气温度却比较高，那么在空气和物体表面之间有一个温度差，如果物体表面与空气之间的温度差主要是由物体表面辐射冷却造成的，则在较暖的空气和较冷的物体表面相接触时空气就会冷却，达到水汽过饱和的时，多余的水汽就会析出。如果温度在0° C以下，则多余的水汽就在物体表面上凝华为霜。所以霜总是在有利于物体表面辐射冷却的天气下形成。

地理学百花园

## 描写有霜的诗词

枫桥夜泊 · 张继

月落乌啼霜满天， 江枫渔火对愁眠。

姑苏城外寒山寺， 夜半钟声到客船。

别思 · 白居易

十里长亭霜满天，青丝白发度何年？今生无悔今生错，来世有缘来世迁。

笑靥如花堪缱绻，容颜似水怎缠绵？情浓渺恰相思淡，自在蓬山舞复跹。

山行 · 杜牧

远上寒山石径斜，白云生处有人家。

停车坐爱枫林晚，霜叶红于二月花。

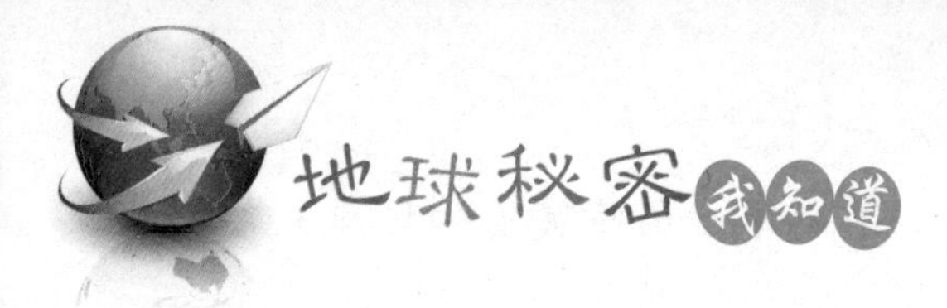


静夜思·李白

床前明月光，疑是地上霜。

举头望明月，低头思故乡。

商山早行·温庭筠

晨起动征铎，客行悲故乡。鸡声茅店月，人迹板桥霜。

槲叶落山路，枳花明驿墙。因思杜陵梦，凫雁满回塘。

## 上帝的礼花——雪

冬季，高纬度地区的降水，是以雪的形式出现的。由于降落到地面上的雪花的大小、形状以及积雪的疏密程度不同，雪是以融化后的水来度量的。水是地球上各种生灵存在的根本。在地球上，水是不断循环运动的，海洋和地面上的水受热蒸发到天空中，这些水汽随着风运动到别的地方，当它们遇到冷空气，形成降水又重新回到地球表面。这种降水分为两种形式：一种是液态降水，就是下雨；一种是固态降水，就是下雪、下冰雹等。以固态形式落到地球表面上的降水，叫大气固态降水。大气固态降水分为雪片、星形雪花、柱状雪晶、针状雪晶、多枝状雪晶、轴状雪晶、不规则雪晶、霰、冰粒和雹十种，前七种统称为雪。雪是大气固态降水的最主要形式。

气象上一般把雪按24小时内的降水量分为：0.1～2.4毫米的雪称为小雪；2.5～4.9毫米的称为中雪；5.0～9.9毫米的称为大雪；10毫

米以上的称为暴雪。形成降雪必须具备两个条件：一是水汽饱和。空气在某一个温度下所能包含的最大水汽量，叫做饱和水汽量。空气达到饱和时的温度，叫做露点。饱和的空气冷却到露点以下的温度时，空气里就有多余的水汽变成水滴或冰晶。一是空气里必须有凝结核。凝结核是一些悬浮在空中的很微小的固体微粒。最理想的凝结核是那些吸收水分最强的物质微粒，如海盐、硫酸、氮和其它一些化学物质的微粒。雪花的基本形状是六角形和六棱柱状雪，但形状、大小完全一样和各部分完全对称的雪花，在自然界中是无法形成的。世界上有不少雪花图案搜集者，他们象集邮爱好者一样收集了各种各样的雪花照片。苏联摄影爱好者西格尚，是一位雪花照片的摄影家，他的作品经常被工艺美术师用来作为结构图案的模型。

雪

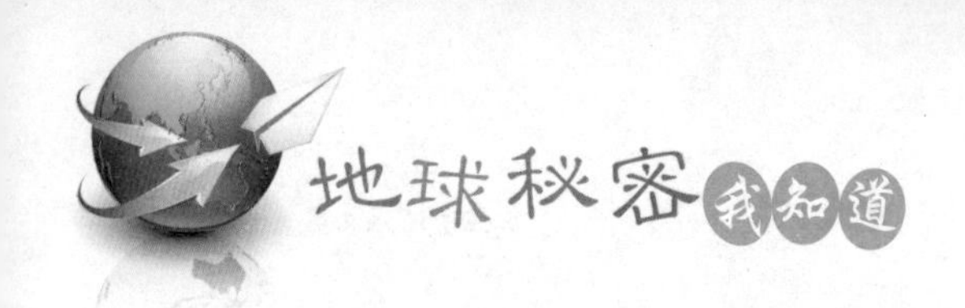


冰缘气候条件下，积雪场频繁的消融和冻胀会产生雪蚀作用。雪蚀作用包括剥蚀和搬运两种作用，主要分布在没有冰盖的极地和亚极地以及雪线以下、树线以上的高山带，属于永久冻土带。雪场边缘的交替冻融，一方面通过冰劈作用使地表物质破碎，一方面雪融水将粉碎的细粒物质带走。在纬度高、降水量少、夏温低的地方，雪蚀作用就弱。另外，雪崩的破坏力十分强大，主要和它的速度有关。运动速度大的雪崩，能使每平方米的被打物体表面，承受40～50吨的力量。雪崩造成灾害的另一个原因是雪崩引起的气浪，在雪崩龙头前方造成强大的气浪，类似于原子弹爆炸时的冲击波，力量很大。

雪中含有的氮素，易被农作物吸收利用；雪水温度低，能冻死地表层越冬的害虫；可以减少土壤热量的外传，阻挡雪面上寒气的侵入，保护庄稼安全过冬；为农作物储蓄水分，增强土壤肥力。用雪水喂养家畜家禽、灌溉庄稼都可收到明显的效益。雪对人体健康有很多好处。《本草纲目》记载，雪水能解毒，治瘟疫，疗火烫伤、冻伤；用雪水洗澡，能增强皮肤与身体的抵抗力，促进血液循环，增强体质。长期饮用洁净的雪水，可益寿延年。

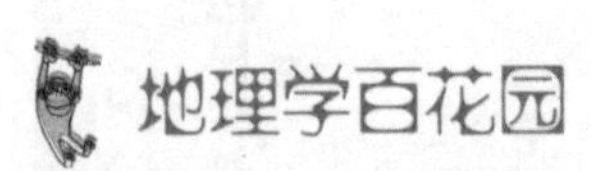


## 与雪有关的谚语

入冬头场雪大，入伏头场雨大。

头场雪小一冬小，头场雪大一冬大。

春雪是个鬼，不是天干就是大水。

春雪小，春温高。春雪迟，梅雨足。

一场春雪一次旱，一篙腊雪一篙满。

一场春雪一次寒。十日春雪十日寒。

一场春雪四日雨。一场春雪，九场大水。

春雪冷，秋雨暖。春雪寒冷，百日不空。

头场雪，雪花大，冬天雪大。头雪盖瓦，年岁不假。

头雪盖地，一粒收两粒。春雪年年有，腊雪隔年生。

来雪来一日，黄梅水一尺。春雪防雷涝，芒种无秧栽。

春雪一分，洪水一尺。春雪如跑马。春雪眼前花。

春雪不积地，雨水不用愁。春雪一朝融，春雨没稻场。

一日春雪四日雨。一朝春雪一朝满，一朝腊雪一朝晴。

## 天气测量——气象观测

气象观测是研究测量和观察地球大气层的物理和化学过程，包括地面气象观测、高空气象观测、大气遥感和气象卫星探测，有时统称为大气探测。气象观测的内容主要是大气气体成分及其浓度、气溶胶粒子、大气温度、湿度、压力、风、蒸发、降水、辐射能、云、天气现象、大气能见度、大气电学和光学现象等。气象观测自古以来就为人们所注意。16世纪以前主要是凭目力观测。16世纪末到20世纪

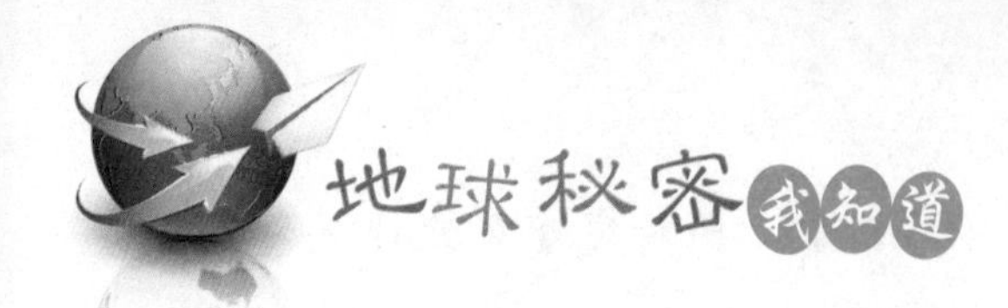


初，是地面气象观测的形成阶段。1597年意大利物理学家伽利略发明空气温度表，1643年托里拆利发明气压表。这些仪器使气象观测向定量观测发展。这阶段发明的气压表、温度表、湿度表、风向风速计、雨量器、蒸发皿、日射表等气象仪器为组建比较完善的地面气象观测站网提供了物质基础；为绘制天气图、气候图，开创近代天气预报提供了定量的科学依据。20世纪20年代末至60年代初，是由地面观测发展到高空观测的阶段，出现了无线电探空仪。40年代中期，气象火箭把探测高度进一步抬升到100千米左右。气象雷达开始应用于大气探测。高空探测技术的发展，使人们对大气三维空间的结构有了真正了解。60年代初以来，气象观测进入大气遥感探测阶段，以1960年4月1日美国发射第一颗气象卫星（泰罗斯1号）为标志。

气象观测常将全球或某个区域内的各种观测项目组建成气象观测网来进行，分为常规观测网、专门观测网两类。常规观测网是一种长期稳定地进行观测的全球性组织，为日常天气预报积累气候资料服务，包括全球的气象观测站、船舶站、气象雷达站和气象卫星接收站。专门观测网是一种为特定研究内容设置的观测系统，如日本的暴雨实

泰罗斯1号气象卫星

验观测网、美国的强风暴试验观测网。

完整的现代化气象观测系统由观测平台、观测仪器、资料收集和处理系统组成。其中，观测平台包括气象观测场、气象铁塔、气象船、海上浮标、气球、飞机、火箭和气象卫星等。观测仪器包括感应元件、转换和传输部件以及输出仪表，如气压表、温度计、湿度表、气象雷达等。资料收集和处理系统是将仪器输出信号按一定格式采集、存储，经过人工或计算机处理后，进行显示、存储并及时地将其转发给气象观测网中心的工作系统。现代气象观测系统所获取的气象信息是大量的，要求高速度地分析处理。采用电子计算机等现代自动化技术分析处理资料，是现代气象观测中必不可少的环节。

气象观测是气象工作和大气科学发展的基础。除了大气本身各

多普勒气象雷达

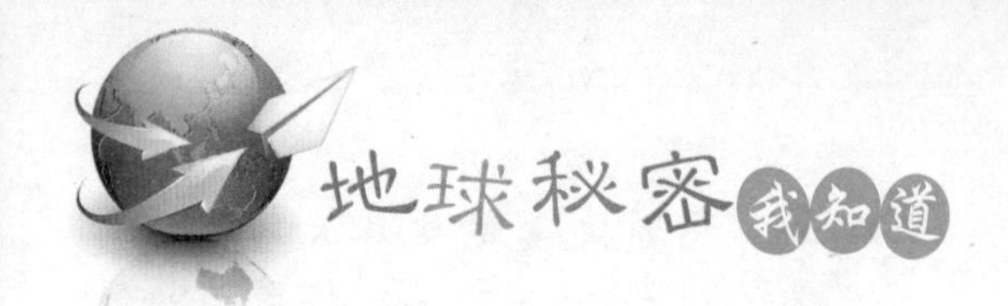


种尺度运动之间的相互作用外，太阳、海洋和地表状况等，都影响着大气的运动。历史上的锋面、气旋、气团和大气长波等重大理论的建立，都是在气象观测基础上实现的。气象观测记录和气象情报，除为天气预报提供日常资料外，还为农业、林业、工业、交通、军事、水文、医疗卫生和环境保护等领域服务。而进行灾害性天气监测，可以减轻或避免自然灾害。

## 掌握上帝的脾气——天气预报

天气预报是研究大气运动的一门科学。我们人类赖以生存的大气瞬息万变，天气预报就是利用各种最新的科学技术捕捉这些变化中的信息，对未来时期内天气变化的预先估计和预告。大气运动是在一种永不停息状态下，以各种不同尺度、不同运动方式的综合气流运动表现。天气预报可分为短期气候预测、中期天气预报、短期天气预报。短期气候预测，也就是长期天气预报，是对一个月以上的天气气候特点进行分析和预测；中期天气预报是对一周左右的天气过程进行分析和预报的；短期天气预报，是对未来一、二天（也就是24～48小时）的天气预报。另外，还有几小时的短时天气预报。

自古以来人们就梦想能够有一天提前知道未来的天气情况。这一梦想在150多年前得以实现，这就是应用天气学方法进行天气预报。随着科学技术的不断进步和人们对天气认识的逐渐深化，气象部门应用各种先进的科学技术手段，使天气预报的水平有了长足进步。但由于各种技术问题，目前天气预报的时间越长，预报的准确度就越低。为了解决这个问题，气象台对一周的中期预报，每天都以滚动形式发布新的预报；对48小时内的预报每天最少也有三次以上的最新预报。当新的预报出现时，旧的预报就成为历史，不具备使用价值。因为新的预报更接近实际大气的运动情况。气象卫星、天气雷达都只能在短期和短时天气预报中应用。

天气预报和国民经济、社会生产及人民生活息息相关，尤其是面对突发性自然灾害。人们越来越关心天气预报，不仅想知道准确的预报结果，还想尽可能早知道更长时间的天气预报。在应用天气预报时，一定要知道天气是处于不断变化中，只有最新的天气预报才有最好的使用价值，只有及时了解最新的预报才能真正掌握天气变化。

地理学百花园

## 与雪有关的成语

白雪皑皑　白雪难和　白雪阳春　冰天雪地　冰天雪窑　冰天雪窖

蝉不知雪　风雪交加　鸿飞雪爪　洪炉点雪　雪窑冰天　雪窖冰天

雪里送炭　雪兆丰年　雪中鸿爪　雪中送炭　压雪求油　粤犬吠雪

迎风冒雪　以汤沃雪　照萤映雪　傲霜斗雪　傲雪凌霜　傲雪欺霜

报仇雪耻　报雠雪恨　报仇雪恨　饱经霜雪　抱怨雪耻　兵不雪刃

冰魂雪魄　冰肌雪肠　冰消雪释　冰雪聪明　冰雪严寒　步雪履穿

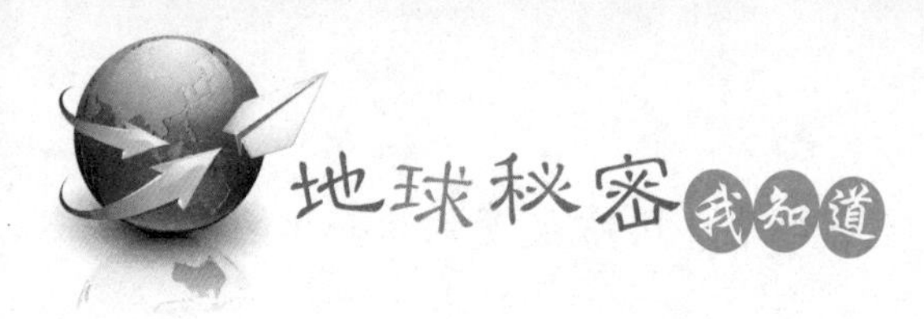


餐风啮雪　餐风茹雪　沉冤莫雪　程门立雪　担雪塞井　担雪填河

担雪填井　斗霜傲雪　鹅毛大雪　飞鸿踏雪　飞鸿雪爪　飞鸿印雪

风花雪夜　风花雪月　风霜雨雪　鸿泥雪爪　鸿爪雪泥　含霜履雪

积雪封霜　积雪囊萤　集萤映雪　凛如霜雪　流风回雪　镂冰劚雪

露钞雪纂　露纂雪钞　眠霜卧雪　欺霜傲雪　如汤灌雪　如汤浇雪

如汤泼雪　如汤沃雪　山阴夜雪　孙康映雪　饕风虐雪　挑雪填井

卧雪眠霜　洗雪逋负　雪案萤窗　雪案萤灯　雪北香南　雪鬓霜鬟

雪鬓霜毛　雪操冰心　雪耻报仇　雪窗萤火　雪窗萤几　雪鸿指爪

雪泥鸿迹　雪泥鸿爪　雪虐风饕　雪上加霜　雪胎梅骨　雪天萤席

雪碗冰瓯　雪月风花　云起雪飞　萤窗雪案　萤灯雪屋　尤云殢雪

尤花殢雪　郢中白雪　映雪读书　映雪囊萤　阳春白雪　囊萤映雪

啮雪餐毡　啮雪吞毡　各人自扫门前雪　骑驴风雪中　瑞雪兆丰年

## 必知的气象小知识

气象的含义包括四种：一是指大气的状态和现象，如刮风、闪电、打雷、结霜、下雪等。二是指气象学。三是一种地理情景、情况，如一片新气象。四是指大气中的冷热、干湿、风、云、雨、雪、霜、雾、雷电等各种物理现象和物理过程的总称。气象的观测项目有气温、湿度、地温、风向风速、降水、日照、气压、天气现象等。气象学研究的对象主要是大气层内各层大气运动的规律、对流层内发生的天气现象和地面上旱涝冷暖的分布等。地球表面的大气层，厚约

3000千米，自下而上分为对流层、平流层、中间层、然层和外层。云、雾、雨、雪、冰雹、雷电、台风、寒潮等都是常见的天气现象。接下来，我们列举介绍一些气象小知识。

（1）锋面。性质不同的冷暖两气团相遇时，其交界处为一不连续面，称为锋面。在锋面两侧的空气性质，诸如温度、湿度、风、天气等，通常有明显的差异。锋面与地面相交之地带称为锋。当冷空气前进，迫使暖空气后退而取代暖空气原有位置，此时之锋面称为冷锋，反之称为暖锋。当冷暖气团势均力敌以致使锋面呈滞留状态，此时锋面称为滞留锋。

（2）气团。气团是指广大空气体在地球表面某一特殊地区（即气团源地），停留一段相当的时间，其整个水平方向，在同一高度各点，空气的温度、湿度等物理性质均颇为一致，则称为气团。气团依源地的纬度不同可分为大陆气团、海洋气团，如极地大陆性气团、热带海洋性气团；又可视其离开源地后，与所经地面之热力交换情形而分为冷气团、暖气团。气团本身冷于所经之地称为冷气团，如西伯利亚气团。当冷气团在短短24～48小时内使气温骤降，变成严寒天气，就成为寒流。

冰　雹

（3）冰雹。冰雹是在对流云中形成，当水汽随气流

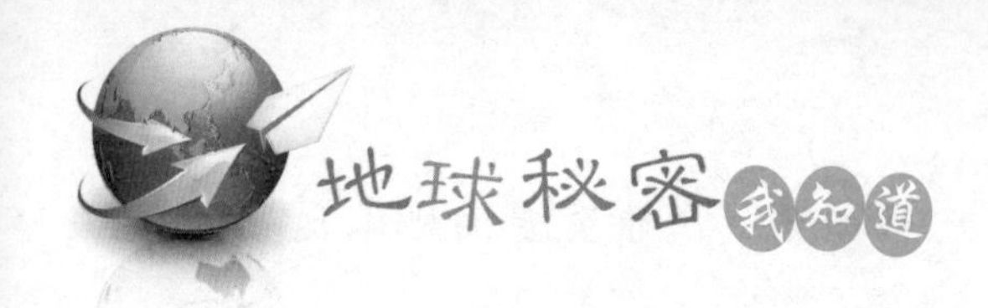


上升遇冷会凝结成小水滴，随着高度增加温度继续降低，达到摄氏零度以下时，水滴就凝结成冰粒。冰粒在上升过程中，会吸附其周围小冰粒或水滴而长大，直到其重量无法为上升气流所承载时即往下降。当其降落至较高温度区时，其表面会融解成水，同时亦会吸附周围的小水滴，此时若又遇强大上升气流再被抬升，其表面则又凝结成冰，如此反复进行如滚雪球般，其体积越来越大，直到它的重量大于空气浮力，即往下降落，若达地面时未融解成水仍呈固态冰粒者，即为冰雹。

（4）疯狗浪。在冬季冷锋过境、东北季风盛行时，或夏季台风来临之前，我国北部沿海常有突起的浪潮。每次连续出现三个大浪，持续二三分钟，经过一段时间浪潮突然再起，有如疯狗似的，称为“疯狗浪”。没有经验的人在海边垂钓，遇上这种突如其来的浪潮侵袭，往往会遭巨浪吞噬。疯狗浪的产生原因，可能与气压系统所激发的长浪有关，由于长浪速度快，到达沿海时，因沿海海底变浅而使浪高波幅倍增，从而形成疯狗浪

（5）西北雨。所谓西北雨，实际上是指夏季午后，因空气受太阳辐射加热作用，所产生的气团性雷阵雨。这种热雷雨，在气象上属于中小尺度对流天气系统。其范围，小者仅一二公里，大者可达数十公里，降雨时间短者数分钟，长可持续一小时。“西北雨”都在午后太阳“西”斜时发生，这就是“西”字的出处；而“北”字代表水（北方壬癸指水）。所以，“西北雨”就是指太阳西斜后降的雨水。

（6）霰。霰是一种白色不透明的圆锥形或球形的颗粒固态降水，下降时常显阵性，着硬地常反弹，多在下雪前或下雪时出现。夏天在高山地区经常形成。气象学上把这种东西叫做霰，还有米雪、雪霰、

黄山烟霞

雪子、雪糁、雪豆子等名称。霰松脆，很容易压碎，也是一种大气固态降水，常发生在摄氏0度。雪晶与过冷云滴的接触导致过冷云滴在雪晶的表面凝结。雪晶的表面有许多极冷的小滴而成为霜，当此过程持续使原本雪晶晶形消失则称为霰。形成霜的四种基本雪晶包括面状冰晶、树状冰晶、柱状冰晶及针状冰晶。随着淞化的过程持续，累加的云滴使原本的雪晶轮廓变得模糊，最后成为霰微粒。

（7）霾。霾也称灰霾、烟霞、尘象，是指原因不明的因大量烟、尘等微粒悬浮而形成的浑浊现象。霾的核心物质是空气中悬浮的灰尘颗粒，气象学称为气溶胶颗粒。空气中的灰尘、硫酸、硝酸、有机碳氢化合物等粒子能使大气混浊，能见度恶化。如果水平能见度小于10 000米时，那么这种非水成物造成的视程障碍称为霾、灰霾，香港称烟

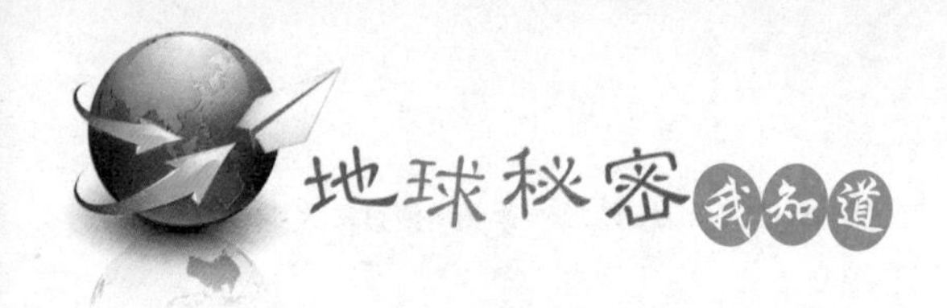


霞。霾和雾的区别在于：发生霾时相对湿度不大，而雾的相对湿度是饱和的。灰霾，又称大气棕色云，是“大量极细微的干尘粒等均匀地浮游在空中，使水平能见度小于10千米的空气普遍有混浊现象，使远处光亮物微带黄、红色，使黑暗物微带蓝色。”我国存在4个灰霾严重地区，即黄淮海地区、长江河谷、四川盆地和珠江三角洲。霾可以对人的肺产生危害，使肺变黑。

（8）焚风。是一种出现在山脉背风面的干热风。焚风发生的原因是由于与山脉走向垂直的气流，受到高山阻挡，被迫抬升而冷却，空气中的水气因而在迎风面上空凝结成云、降雨，待气流翻越过山岭，在背风面下降时，已变成干燥空气，此时因空气被压缩而增温，当其降至地面时，温度比原地面的空气温度高许多，形成一股干热风（台湾俗称火烧风）。

# 第五章

# 美丽的地球也疯狂

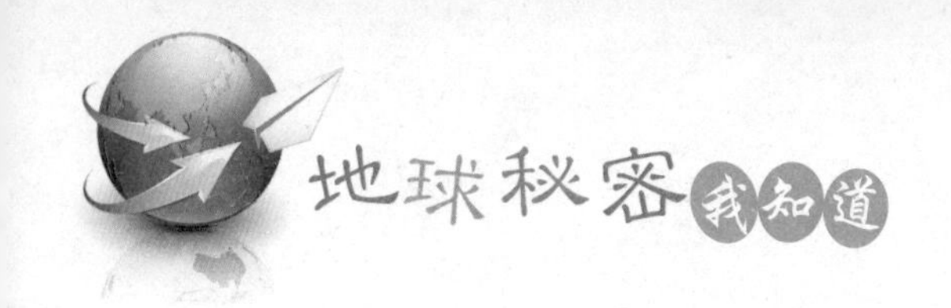


地球是太阳系中唯一表面含有液态水的行星。水覆盖了地球表面71%的面积，水在五大洋和七大陆都存在。地球的太阳轨道、火山活动、地心引力、温室效应、地磁场以及富含氧气的大气等因素相结合使得地球成为一颗水之行星。但温室效应不足以维持地球表面液态水的存在，海洋可能在1000万至1亿年间冻结，发生冰川纪事件。从环境质量角度来说，地球地理环境的主要能量来源为太阳能。人类向地理环境获取物质和能量的方式主要有放牧、砍伐森林、渔猎、种植、开采矿产等。人类向地理环境排放废弃物和热能的行为有生活行为（如涤洗水、生理排放）、第一产业行为（如喷撒农药、动物.生理排放）、第二产业行为（如温室气体排放、酸性气体排放、电镀厂有毒液体排放、工业噪声）、第三产业行为（如汽车尾气排放、娱乐场所噪声强光）。目前地球大范围遭受到人口过剩、工业灾难、酸雨及有毒化合物袭击、植被流失、野生动物消失、物种灭绝、土壤退化、土壤过度消耗、腐蚀、外来物种入侵等环境灾难问题。本章我们就以“地球也疯狂”为话题，而分别谈一谈诸如火山喷发、地震、山崩、雪崩、海啸、龙卷风、飓风、沙尘暴等各种原生性灾害及人为性灾难，以引起人们关切地球环境的意识。

# 地球的怒火——火山喷发

地球上的火山大多数在构成岩石圈的板块边界处。最具威力、最壮观的火山爆发常常发生在板块俯冲带。这里的火山一旦爆发，威力特别猛烈，常给人类带来毁灭性的灾难。火山活动能喷出多种物质，喷出的固体物质有岩块、碎屑和火山灰等；喷出的液体物质有熔岩流、水、各种水溶液以及水、碎屑物和火山灰混合的泥流等；喷出的气体物质有水蒸汽和碳、氢、氮、氟、硫等的氧化物。除此之外，还有光、电、磁、声和放射性物质等。地球上已知的“死火山”约有2000座；“活火山”共有523座，其中陆地上有455座，海底有68座。火山都出现在地壳中的断裂带，主要集中在环太平洋一带和印度尼西亚向北经缅甸、喜马拉雅山脉、中亚、西亚到地中海一带。

火山的形成过程是地壳的上地幔岩石在一定温度压力条件下产生部分熔融并与母岩分离，熔融体通过孔隙或裂隙向上运移，并在一定部位逐渐富集而形成岩浆囊。随着岩浆的不断补给，岩浆囊的岩浆过剩压力逐渐增大。当表壳覆盖层的强度不足以阻止岩浆继续向上运动时，岩浆通过薄弱带向地表上升。在上升过程中溶解在岩浆中的挥发成分逐渐溶出，形成气泡，当气泡占有的体积超过75%时，禁锢在液体中的气泡会迅速释放出来，导致爆炸性喷发，于是形成形形色色的火山活动。一般来说，在人类有史以前就喷发过的火山，但现在已不再活动，这样的火山称为“死火山”；有的“死火山”随着地壳

火山喷发

的变动会突然喷发，称为“休眠火山”；人类有史以来，时有喷发的火山称为“活火山”。

活火山主要分布在环太平洋火山带、地中海—喜马拉雅—印度尼西亚火山带、大洋中脊火山带、红海—东非大陆裂谷带。中国境内的火山约有900座，以东北和内蒙古的数量最多。最近一次喷发的是位于新疆于田县的卡尔达火山。中国最早记录的活火山是山西大同聚乐堡的昊天寺，在北魏时还在喷发；东北的五大莲池火山在1719年至1721年，猛烈喷发过。世界上最大的火山口是日本九州岛上的阿苏火山，周长100多千米。我国黑龙江有一处“地下森林”，是由7个死火山口演化而来，形成地下森林。号称“世界第八奇迹”的恩戈罗火山口，深达600多米，底面积260平方千米，活像一口直上直下的巨井。在这口“井”里生活着狮子、长颈鹿、水牛、斑马等动物。

火山喷发按岩浆的通道分为裂隙式喷发和中心式喷发两类。裂隙式喷发，又称冰岛型火山喷发。是指岩浆沿地壳中的断裂带溢出地表。喷发温和宁静，喷出的岩浆为粘性小的基性玄武岩浆，碎屑和气体少。中心式喷发，是指岩浆沿火山喉管喷出地面。根据喷出物和活动强弱又分为：夏威夷型（岩浆为基性溶岩，气体和火山灰很少，火山锥体为盾形，顶部火山口中有灼热熔岩湖）、斯特朗博利型（岩浆为较粘性的中基性，气体较多，喷出物主要是火山弹、火山渣和老岩屑，也有熔岩流。火山锥为碎屑锥或层状锥）、乌尔坎诺型（猛烈喷发的一种。粘性的或固体有棱角的大块熔岩伴随大量火山灰抛出，形成“烟柱”，形成碎屑锥或层状锥）、培雷型（多气体，强烈爆炸，有迅猛的火山灰流，火山锥为坡度较大的碎屑锥）、普里尼型（粘稠岩浆在火山通道内形成“塞子”，一旦熔岩冲破“塞子”，爆炸特别强烈，产生高耸入云的发光火山云及火山灰流）、超乌尔坎诺型（无岩浆喷出，喷出物主要是岩石碎屑和火山灰、气体，火山口低平）、蒸气喷发型（地下水被岩浆气化，连续或周期性喷出气体）。火山爆发时喷出的大量火山灰和火山气体，对气候造成极大的影响。火山爆发喷出的大量火山灰和暴雨结合形成泥石流能冲毁道路、桥梁，淹没附近的乡村和城市，使得无数人无家可归。火山爆发对自然景观的影响十分深远，火山灰富含养分，能使土地更肥沃。

## 地球的震颤——地震

地震就是地球表层的快速振动，在古代又称为地动，是地球上经常发生的一种自然灾害，全球每年发生地震约550万次。地震是地球内部介质局部发生急剧的破裂而产生震波，从而在一定范围内引起地面振动的现象。在海底或滨海地区发生强烈地震，能引起巨大的波浪，称为海啸。地球可分为三层，中心层是地核，中间是地幔，外层是地壳。地震一般发生在地壳之中。地壳内部在不停变化，由此而产生力的作用，使地壳岩层变形、断裂、错动，于是便发生地震。地震根据成因分为构造地震（由于地下深处岩层错动、破裂所造成的地震）、火山地震（由于火山作用，如岩浆活动、气体爆炸等引起的地震）、塌陷地震（由于地下岩洞或矿井顶部塌陷而引起的地震）、诱发地震（由于水库蓄水、油田注水等活动而引发的地震）、人工地震（如地下核爆炸、炸药爆破等人为引起的地面振动）。世界震级最大的是1960年5月22日的智利8.9级地震，中国震级最大的是1950年8月15日的西藏8.5级地震；死亡人数最多的地震是1556年1月23日的陕西华县8级地震，死亡83万人，其次是1976年7月27日的唐山7.8级地震，死亡25.5万人。说到地震，不能不提到2008年5月12日发生在四川省汶川的大地震，汶川地震是中华人民共和国自建国以来影响最大的一次地震，震级是

汶川地震

自1950年8月15日西藏墨脱地震(8.5级)和2001年昆仑山大地震（8.1级）后的第三大地震，直接严重受灾地区达10万平方公里。这次地震危害极大，共遇难69 227人，受伤374 643人，失踪17 923人。其中四川省68 712名同胞遇难，17 921名同胞失踪，共有5335名学生遇难，1000多名失踪。直接经济损失达8452亿元。

地震所引起的地面振动是种复杂运动，是由纵波和横波共同作用的结果。在震中区，纵波使地面上下颠动；横波使地面水平晃动。当某地发生较大的地震时，在一段时间内往往会发生一系列地震，其中最大的地震叫做主震，主震之前发生的地震叫前震，主震之后发生的叫余震。从时间上看，地震有活跃期和平静期交替出现的周期性现象。从空间上看，地震的分布呈一定的带状，称地震带，主要集中在环太平洋和地中海—喜马拉雅山两大地震带。

在地震学上，地震波发源的地方，叫作震源；震源在地面上的垂直投影，即地面上离震源最近的一点称为震中，是接受振动最早的部位；震中到震源的深度叫作震源深度。通常将震源深度小于70千米的叫浅源地震，深度在70～300千米的叫中源地震，深度大于300千米的叫深源地震。震源深度不一样，造成的破坏程度也不一样。一般来说，震源越浅，破坏越大。破坏性地震一般是浅源地震；破坏性地震的地面振动最烈处，称为极震区。超级地震是震波极其强烈的大地震，破坏程度是原子弹的数倍；某地与震中的距离叫震中距。震中距小于100千米的地震称为地方震，在100～1000千米之间的地震称为近震，大于1000千米的地震称为远震。震中距越长的地方受到的影响和破坏越小。

地震发生时，最基本的现象

地　震

是地面的连续振动，主要是明显的晃动。极震区的人在感到大的晃动之前，有时首先感到上下跳动。这是因为地震波从地内向地面传来，纵波首先到达的缘故。横波接着产生大振幅的水平方向的晃动，这是造成地震灾害的主要原因。地震造成的灾害首先是破坏房屋和构筑物，造成人员伤亡。地震对自然界景观的后果是地面出现断层和地裂缝，往往具有较明显的垂直错距和水平错距。特别是地表沉积层较厚的地区，如坡地边缘、河岸和道路两旁常出现地裂缝，使道路坼裂、铁轨扭曲、桥梁折断。而在现代化城市中，会造成停水、停电和通讯受阻，使煤气、有毒气体和放射性物质泄漏。在山区能引起山崩和滑坡，造成掩埋村镇的惨剧，或者是崩塌的山石堵塞江河，在上游形成地震湖。

地震的科学数据划分为五类：观测数据，包括地震、地磁、重力、地形变、地电、地下流体、强震动、现今地壳运动等数据；探测数据，包括人工地震、大地电磁、地震流动台阵等数据；调查数据，包括地震地质、地震灾害、地震现场科考、工程震害、震害预测、地震遥感等数据；实验数据，包括构造物理实验、新构造年代测试、建筑物结构抗震实验、岩土地震工程实验等数据；专题数据，主要服务于某一重要研究专题、重大工程项目、某一特定区域综合研究等工作目标而建立的。如地学大断面探测研究、火山监测研究、水库地震监测研究、矿震监测研究、典型大震震害、中国大陆地壳应力环境数据、建筑物地震安全性评价等数据。

地震发生时的注意事项有：为了自己和家人的人身安全，请躲在桌子等坚固家具的下面及承重墙墙根、墙角；摇晃时立即关火关电关气；不要慌张地向户外跑；将门打开，确保出口；户外要保护好头部，避开危险之处；在百货公司、剧场时，依工作人员的指示行动；汽车靠路边停车，管制区域禁止行驶；避难时要徒步，携带物品应在最少限度；不要听信谣言，不要轻举妄动；保护头颈部，低头，用手护住头部或后颈；保护眼睛，低头、闭眼，以防异物伤害；保护口、鼻，用湿毛巾捂住口、鼻，以防灰土、毒气。地震时如被埋压在废墟下，周围又是一片漆黑，只有极小的空间，一定不要惊慌，要沉着，树立生存的信心。要保护呼吸畅通，挪开头部、胸部的杂物，闻到煤气、毒气时，用湿衣服等物捂住口、鼻。要尽量保存体力，用石块敲击能发出声响的物体，向外发出呼救信号，不要哭喊、急躁和盲目行动，这样会大量消耗精力和体力。如果受伤，要想法包扎，避免流血过多。

地震的前兆主要有：地下水异常，如地下水冒泡、发浑、变味等。民间谚语有“井水是个宝，前兆来得早。天雨水质浑，天旱井水

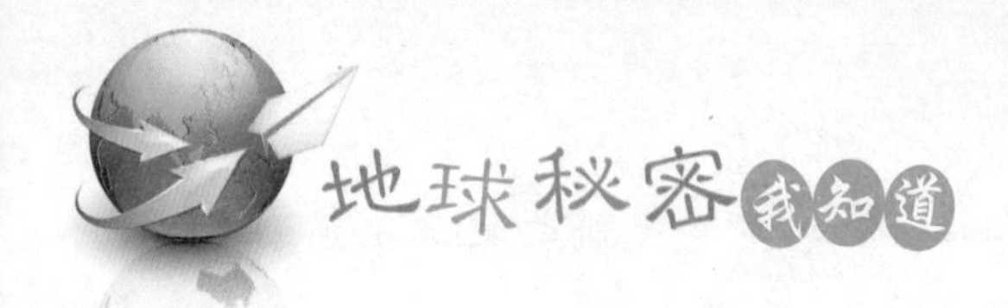


冒。水位变化大，翻花冒气泡。有的变颜色，有的变味道”；动物异常，如牛马不进圈、烦燥不安，猪羊不吃食、乱跑乱窜；狗狂叫不止，鸡不进窝，惊啼不止；鸭不下水，家兔乱蹦乱跳，鸽子惊飞不回巢；密蜂一窝一窝地飞走；老鼠突然跑光，有的叼着小老鼠搬家；冬眠的蛇爬出洞外上树；鱼惊慌乱跳游向岸边等。民间谚语有“震前动物有预兆，老鼠搬家往外逃。鸡飞上树猪拱圈，鸭不下水狗狂叫。冬眠麻蛇早出洞，鱼儿惊慌水面跳”；地光和地声，即从地下或地面发出光亮及声音。

## 中国11次大地震

1556年陕西华县8级地震，死亡人数高达83万人，是世界已知死亡人数最多的地震。

1668年7月25日晚8时左右，山东8.5级郯城大地震，是中国历史上地震中最大的地震之一，破坏区面积50万平方公里以上。

1920年12月16日20时5分53秒，宁夏海原县发生8.5级的强烈地震，死亡24万人。

1927年5月23日6时32分47秒，甘肃古浪发生8级强烈地震，死亡4万余人。地震发生时，土地开裂，冒出发绿的黑水，毒气横溢。

1932年12月25日10时4分27秒，甘肃昌马堡发生7.6级地震，死亡7万人。地震发生时，有黄风白光在墙头“扑来扑去”，山岩乱蹦冒出灰尘。

1933年8月25日15时50分30秒，四川茂县叠溪镇发生7.5级地震。地震发生时，地吐黄雾，有个牧童竟然飞越两重山岭。巨大山崩使岷江断流。

1950年8月15日22时9分34秒，西藏察隅发生8.6级强烈地震。喜马拉雅山几十万平方公里大地瞬间面目全非，整座村庄被抛到江对岸。

1966年3月8日5时29分14秒，河北邢台隆尧县发生6.8级地震，1966年3月22日16时19分46秒，河北邢台宁晋县发生7.2级地震，共死亡8064人。

1970年1月5日1时0分34秒，云南通海县发生7.7级地震，死亡15621人。

1975年2月4日19时36分6秒，辽宁海城县发生7.3级地震。由于此次地震被成功预测预报预防，被称为20世纪地球科学史和世界科技史上的奇迹。

1976年7月28日3时42分2秒，河北唐山发生7.8级地震，死亡24.2万人，一座重工业城市毁于一旦，为20世纪伤亡最大的地震。

1988年11月6日21时3分、21时16分，云南澜沧、耿马发生7.6级、7.2级两次大地震，两座县城被夷为平地，伤4105人，死亡743人。

2008年5月12日14时28分，四川汶川发生8.0级地震，69 225人遇难，374 640人受伤，失踪18 624人。

## 山崩和雪崩

山崩是山坡上的岩石、土壤快速、瞬间滑落的现象；泛指组成坡地的物质，受到重力吸引，而产生向下坡移动的现象。一般来说，山坡愈陡，土石易下滑，山崩愈易发生。尤其是在连续大雨之后，雨水渗入地下，增加土石的重量与下滑力，山崩常发生。造成山崩的因素很多。在山坡下面挖洞、开隧道、开矿，都会引起山崩；强烈的地震更会引起山崩；岩石风化、水蚀、暴风骤雨侵袭等，有时也会发生山崩；尤其是山坡遭到乱开发，滥伐树林后，破坏了原有森林的水土保持，山崩就会随时发生的可能。山崩是可以预防的，解决山崩最好的办法是植树造林。山坡上的树林有吸收水份、固着土壤的作用，可以防止山崩。

雪崩是指在积雪的山坡上，当积雪内部的内聚力抗拒不了它所受到的重力拉引时，便向下滑动，引起大量雪体崩塌。有的地方把雪崩叫做“雪塌方”“雪流沙”“推山雪”。雪崩是从山坡上部开始的。先是出现一条裂缝，接着巨大的雪

山　崩

雪 崩

体开始滑动。雪体在向下滑动的过程中，雪崩体变成一条直泻而下的白色雪龙，呼啸着向山下冲去。从地理学角度来说，雪崩是所有雪山都会发生的地表冰雪迁移过程，具有突然性、运动速度快、破坏力大等特点。雪崩能摧毁大片森林，掩埋房舍、交通线路、通讯设施和车辆，甚至能堵截河流；还能引起山体滑坡、山崩和泥石流，是积雪山区的严重自然灾害。

大多数的雪崩都发生在冬天或春天的降雪非常大的时候，尤其是暴风雪爆发前后。这时的雪非常松软，粘合力比较小，容易形成雪崩。春季由于解冻期长，气温升高，积雪表面融化，原本结实的雪变得松散起来，大大降低积雪之间的内聚力和抗断强度，使雪层容易产生滑动。雪崩的严重性取决于雪的体积、温度、山坡走向，尤其重要的是坡度。最可怕的雪崩往往产生于倾斜度为25°～50°的山坡。总的说来，雪崩取决于山坡的地形特点和气候因素。就我国高山而言，喜马拉雅山、念青唐古拉山以及横断山地易发生雪崩。此外，天山山地、阿尔泰山地冬春季节，雪崩也比较多。

## 大海的疯狂——海啸

海啸是一种具有强大破坏力的海浪。水下地震、火山爆发、水地层发生断裂，部分地层出现猛然上升或者下沉，由此造成整个水层

印尼海啸

多米，形成“水墙”。海啸到达岸边，“水墙”就会冲上陆地，造成严重威胁。海啸形成的主要是地震、海底山崩塌方和宇宙天体的影响，此外核爆炸也会引起海啸。通常由震源在海底下50千米以内、里氏震级6.5以上的海底地震引起。

海啸的产生条件有：一是海啸的水柱要足够大，一定要在深海；二是大地震，要7级、8级或者更大的地震；三是海岸要有开阔的、逐渐变浅的条件，让整个水体往上冲。海啸分为由海底地震引起的地震海啸、火山爆发引起的火山海啸、海底滑坡引起的滑坡海啸和大气压引起的海啸4种。海啸最初出现的是长度为数十公里到数百公里、高度不大的群浪，因此在浩瀚的大洋中不易被察觉。但速度却大得惊人，有时可达每小时1000多千米，而且波浪生成的海域越深，浪速越快。

在地理学上，地震海啸是海底发生地震时，海底地形急剧升降变动引起海水强烈扰动。其机制有“下降型”海啸和“隆起型”海啸两种形式。所谓“下降型”海啸，是指某些构造地震引起海底地壳大范围的急剧下降，海水首先向突然错动下陷的空间涌去，并在其上方出现海水大规模积聚，当涌进的海水在海底遇到阻力后，即翻回海面产生压缩波，形成长波大浪，并向四周传播与扩散，形成海啸。所谓“隆起型”海啸，是指某些构造地震引起海底地壳大范围的急剧上升，海水也随着隆起区一起抬升，并在隆起区域上方出现大规模的海水积聚，在重力作用下，海水从波源区向四周扩散，形成汹涌巨浪。

地震海啸给人类带来的灾难是十分巨大的。海啸以催枯拉朽之势，越过海岸线，越过田野，迅猛袭击岸边的城市和村庄，瞬时人们消失在巨浪中。事后海滩上一片狼藉，到处是残木破板和人畜尸体。

公元前47年和公元173年，中国就记载了莱州湾和山东黄县海啸，是世界上最早的两次海啸记载。全球的海啸发生区大致与地震带一致，发生在环太平洋地区的地震海啸占了约80%。日本是全球发生地震海啸且受害最深的国家。2004年12月26日上午当地时间8时，印尼苏门答腊岛以北海域发生地球40亿年来最强烈的9.0级地震，并引发了海啸，滔天巨浪席卷了斯里兰卡、印度、印度尼西亚、泰国、马来西亚、马尔代夫和孟加拉国沿海地区，遇难总人数近30万。

## 恐怖猛烈的龙卷风

龙卷风是一种强烈的、小范围的空气涡旋，是在极不稳定天气

龙卷风

下由空气的强烈对流运动而产生。龙卷风是由雷暴云底伸展至地面的漏斗状云产生的强烈的旋风，风力可达12级以上，一般伴有雷雨、冰雹。发生龙卷风时，空气绕龙卷的轴快速旋转，受龙卷中心气压极度减小的吸引，近地面几十米厚的薄层空气内，气流被从四面八方吸入涡旋的底部，并随即变为绕轴心向上的涡流，从而形成龙卷风。

龙卷风是一种伴随着高速旋转的漏斗状云柱的强风涡旋，中心风速可达100～200米/秒，最大300米/秒，比台风近中心最大风速还要大。龙卷风是大气中最强烈的涡旋现象，常发生于夏季的雷雨天气，以下午至傍晚最多见。龙卷风的直径一般在十几米到数百米之间。龙卷风持续时间，一般仅几分钟，最长不过几十分钟。龙卷风具有很大的吸吮作用，可把海（湖）水吸离海（湖）面，形成水柱，俗称“龙取水”。龙卷风常产生于强烈不稳定的积雨云中，形成与暖湿空气强烈上升、冷空气南下、地形作用等有关。它的破坏力惊人，能把大树连根拔起，建筑物吹倒，地面物卷至空中，令交通中断，房屋倒塌，人畜生命遭受损失。

地理学百花园

## 全球二十世纪最强地震

1．智利大地震，发生于1960年5月22日，里氏8.9级。发生在智利中部海域，引发海啸及火山爆发。导致5000人死亡，为历史上震级最高的地震。

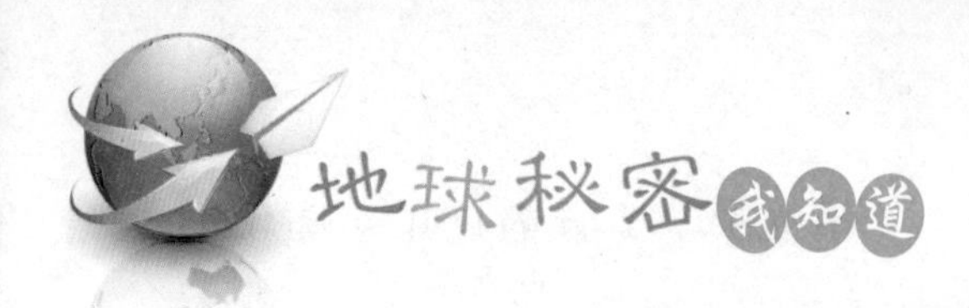


2. 美国阿拉斯加大地震，发生于1964年3月28日，里氏8.8级。引发海啸，导致125人死亡。

3. 美国阿拉斯加大地震，发生于1957年3月9日，里氏8.7级。发生在美国阿拉斯加州安德里亚岛及乌那克岛附近海域，导致维塞维朵夫火山喷发。

4. 印度尼西亚大地震，发生于2004年12月26日，里氏9.0级。发生在印度尼西亚苏门答腊岛上的亚齐省。地震引发的海啸导致30万人失踪或死亡。

5. 俄罗斯大地震，发生于1952年11月4日，里氏8.7级，引发海啸。

6. 厄瓜多尔大地震，发生于1906年1月31日，里氏8.8级。发生在厄瓜多尔及哥伦比亚沿岸，导致1000多人死亡。

7. 印度尼西亚大地震，发生于2005年3月28日，里氏8.7级。震中位于印度尼西亚苏门答腊岛以北海域，造成1000人死亡。

8. 美国阿拉斯加大地震，发生于1965年2月4日，里氏8.7级。

9. 中国西藏大地震，发生于1950年8月15日，里氏8.5级。

10. 俄罗斯大地震，发生于1923年2月3日，里氏8.5级。发生在俄罗斯堪察加半岛。

11. 印度尼西亚大地震，发生于1938年2月3日，里氏8.5级。发生在印度尼西亚班达附近海域，引发海啸及火山喷发。

12. 俄罗斯千岛群岛大地震，发生于1963年10月13日，里氏8.5级。

## 海洋上的恶魔——飓风

飓风和台风都是指风速达到 33米/秒以上的热带气旋，只是因发生地域不同，才有不同名称。一般来说，出现在西北太平洋和我国南海的强烈热带气旋，被称为“台风”；发生在大西洋、加勒比海和北太平洋东部的，则称“飓风”。从语言学角度来说，“飓风”一词源自加勒比海言语的恶魔Hurican，玛雅神话中的雷暴与旋风之神。“台风”一词则源自希腊神话中大地之母盖亚之子Typhon，是一头长有一百个龙头的怪物。在北半球，台风呈逆时针方向旋转，而在南半球则呈顺时针方向旋转。

另外，飓风与龙卷风也不同。卷风的时间很短暂，属于瞬间爆发，此外龙卷风一般伴随着飓风而产生。龙卷风最大的特征在于出现时，往往有一个或数个如同“大象鼻子”样的漏斗状云柱，经过水面时，能吸水上升形成水柱。飓风能释放出惊人的能量，一般伴随强风、暴雨，严重威胁人们的生命财

飓　风

产，对于农业、经济等造成极大冲击。

一般来说，飓风产生于热带海洋。其中的一个原因是因为温暖的海水是它的动力“燃料”。由此，一些科学家认为变暖的地球会带来更强盛的、更具危害性的热带风暴。气象学家认为二氧化碳和来自大气层的所谓温室气体正在使地球变得越来越暖。因而地球的未来会出现越来越多的飓风。另外，飓风中心风眼愈小，破坏力愈大。如历史上最强的飓风风眼直径只有13公里长。

## 地理学百花园

### 临震时的应急准备

1．备好临震急用物品。地震发生之后，食品、医药等日常生活用品的生产和供应都会受到影响。为度震后初期，临震前社会和家庭应准备一定数量的食品、水和日用品。

2．建立临震避难场所。需要临时搭建防震、防火、防寒、防雨的防震棚。农村储粮的小圆仓，是很好的抗震房。

3．划定疏散场所，转运危险物品。城市人口密集，人员避震和疏散比较困难，震前要按街、区分布，就近划定群众避震疏散路线和场所。震前要把易燃、易爆和有毒物及时转运到城外存放。

4．设置伤员急救中心。在城内抗震能力强的场所，或在城外设置急救中心，备好床位、医疗器械、照明设备和药品等。

5．暂停公共活动。各种公共场所应暂停活动，观众或顾客要有秩序地撤离；中、小学校可临时在室外上课；车站、码头可在露天候车。

6．组织人员撤离并转移重要财产。要迅速有秩序地动员和组织群众撤离房屋。正在治疗的重病号要转移到安全地方。农村的大牲畜等生产资料，要妥善转移到安全地带，机关、企事业单位的车辆要开出车库。

7．防止次生灾害的发生。城市发生地震可能出现化工厂、煤气厂等爆炸等次生灾害，要加强鉴测和管理，设专人昼夜站岗和值班。

8．确保机要部门的安全。机要部门和银行较多，地震时要加强安全保卫，防止国有资产损失和机密泄漏。消防队的车辆必须出库，消防人员要整装待发。

9．组织抢险队伍，合理安排生产。就地组织好抢险救灾队伍（救人、医疗、灭火、供水、供电、通信等）。

10．做好家庭防震准备。检查和加固住房，合理放置家具、物品，固定好高大家具，牢固的家具下面要腾空，以备震时藏身；家具物品摆放做到“重在下，轻在上”，墙上的悬挂物要取下来；清理好杂物，让门口、楼道畅通，拿掉花盆、杂物；易燃易爆和有毒物品要放在安全的地方；准备好必要的防震物品，包括食品、水、应急灯、简单药品、绳索、收音机等；进行家庭防震演练。

# 杀人的大气污染

大气污染是指由于人类活动　或自然过程引起某些物质进入大气

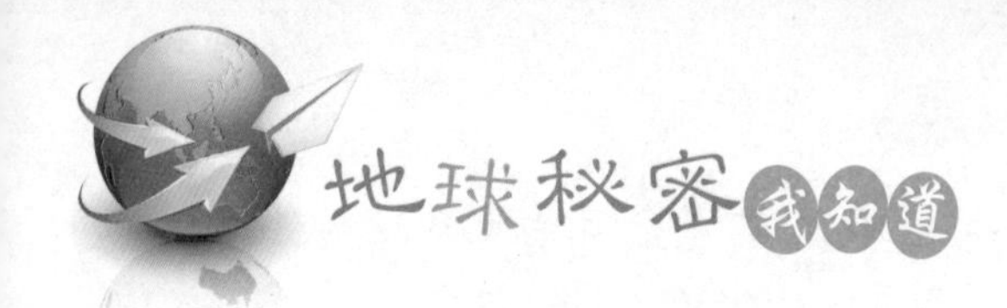


中，呈现出足够的浓度，并因此危害了人体的健康的现象。所谓大气污染就是指正常的大气中混入诸如硫化物、氮氧化物、粉尘、有机物等，大气污染主要由人的活动造成，大气污染源主要有工厂排放、汽车尾气、农垦烧荒、森林失火、炊烟、尘土（包括建筑工地）等。大气污染物分为有害气体，如二氧化碳、氮氧化物、碳氢化物、光化学烟雾和卤族元素等及颗粒物（如粉尘、酸雾、气溶胶等）；另外，大气层核试验的放射性降落物和火山喷发的火山灰可造成全球性的大气污染。

凡是能使空气质量变坏的物质都是大气污染物。大气污染物目前已知约有100多种。大气污染物的形成有自然因素（如森林火灾、火山爆发等）和人为因素（如工业废气、生活燃煤、汽车尾气、核爆炸等）两种，且以人为因素为主。人为的大气污染主要有生活污染源、

森林火灾

核爆炸

工业污染源和交通污染源。大气污染物按其存在状态分为两类。一是气溶胶状态污染物，另一种是气体状态污染物。气溶胶状态污染物主要有粉尘、烟液滴、雾、降尘、飘尘、悬浮物等；气体状态污染物主要有以二氧化硫为主的硫氧化合物，以二氧化氮为主的氮氧化合物，以二氧化碳为主的碳氧化合物以及碳、氢结合的碳氢化合物。

大气污染的主要过程由污染源排放、大气传播、人与物受害三个环节所构成。影响大气污染范围和强度的因素有污染物的性质、污染源的性质、气象条件、地表性质。大气中有害物质的浓度越高，污染就越重，危害也就越大。污染物在大气中的浓度，除取决于排放的总量外，还同排放源高度、气象和地形等因素有关。污染物一进入大气，就会稀释扩散。风越大，大气湍流越强，污染物的稀释扩散就越快。降水虽可对大气起净化作用，但因污染物随雨雪降落，大气污染会转变为水体污染和土壤污染。烟气运行时，碰到高的丘陵和山地，在迎风面会引起附近地区的污染。在山间谷地和盆地地区，烟气不易扩散，常在谷地和坡地上回旋。特别在背风坡，气流作螺旋运动，污染物最易聚集。位于沿海和沿湖的城市，白天烟气随着海风和湖风运行，在陆地上易形成“污染带”。

大气污染对人体的危害主要表现为呼吸道疾病；对植物可使其成长不良，抗病虫能力减弱，甚至死亡；还能对气候产生不良影响，如降低能见度，减少太阳辐射，致城市佝偻发病率增加；大气污染物能腐蚀物品，影响产品质量；酸雨能使河湖、土壤酸化，鱼类减少甚至灭绝，森林发育受影响，腐蚀建筑物和工业设备，破坏露天的文物古迹，导致森林死亡等。煤和石油的燃烧是造成酸雨的主要祸首。饮用酸化物造成的地下水，对人体有害。大气污染会导致人的寿命下降。在低浓度空气污染物的长期作用下，可引起上呼吸道炎症、慢性支气管炎、支气管哮喘及肺气肿等疾病。空气污染已成为肺心病、冠心病、动脉硬化、高血压等心血管疾病及癌症的重要致病因素。

早期的大气污染，一般发生在城市、工业区等局部地区。20世纪60年代以来，一些国家采取了控制措施，减少污染物排放或采用高烟囱使污染物扩散。但高烟囱排放虽可降低污染物的近地面浓度，但把污染物扩散到更大的区域。总的来说，防治大气污染的根本途径是改革生产工艺，综合利用，将污染物消灭在生产过程之中；另外合理布局，减少居民稠密区的污染；在高污染区，限制交通流量；选择合适厂址，设计恰当烟囱高度，减少地面污染；在不利气象条件下，控制污染物的排放量。

## 地理学百花园

### 大气污染"黑名单"

1．硫的氧化物（SOx），如二氧化硫（$SO_2$）和三氧化硫（$SO_3$）。其危害是：腐蚀物品、损害植物、形成酸雨、诱发肺气肿和支气管炎、致癌。来源于燃烧含硫的煤和石油等。

2．氮的氧化物（NOx），如一氧化氮（NO）和二氧化氮（$NO_2$）。其危害是：使农作物减产、造成人体呼吸道疾病。来源于矿物燃料的燃烧、化工厂及金属冶炼厂所排放的废气、汽车尾气。

3．煤气，如一氧化碳（CO）。其危害是：阻碍人体血红蛋白向体内供氧。来源于燃料不完全燃烧、汽车尾气。

4．光化学烟雾，是参与光化学反应的物质、中间产物和最终产物及烟尘等多种物质的浅蓝色的混合体。其危害是：对人体器官明显刺激，使植物坏死，使橡胶、塑料老化，降低织物强度。光化学反应，即是氮氧化物和碳氢化合物在太阳光的作用下，反应生成臭氧（$O_3$）、醛类和多种自由基的过程。

5．颗粒污染物，如烟尘、粉尘、气溶胶、雾。其危害是：降低能见度，遮挡阳光、影响气候、引起呼吸道疾病、致癌、引发光化学反应形成二次污染。来源于燃料不完全燃烧的产物、采矿、冶金、建材、化工等。

6．放射性物质，如铀、铅。其危害是：记忆减退、血压升高、心血管系统疾病，影响儿童智力发育。

# 漫天浑浊的沙尘暴

中国古籍里有上百处关于“雨土”“雨黄土”“雨黄沙”“雨霾”的记录，最早的“雨土”记录可以追溯到公元前1150年，其实就是沙尘暴。沙尘暴是沙暴、尘暴两者兼有的总称，是指强风把地面大量沙尘物质吹起卷入空中，使空气特别混浊，水平能见度小于 1千米的严重风沙天气现象。沙暴指大风把大量沙粒吹入近地层所形成的挟沙风暴；尘暴是大风把大量尘埃及其它细粒物质卷入高空所形成的风暴。从气象学上来说，沙尘天气分为浮尘、扬沙、沙尘暴和强沙尘暴四类。浮尘是指尘土、细沙均匀地浮游在空中，水平能见度小于10公里的天气现象；扬沙是指风将地面尘沙吹起，水平能见度在1公里至10公里以内的天气现象；沙尘暴是指强风将地面大量尘沙吹起，水平

沙尘暴

能见度小于1公里的天气现象；强沙尘暴是指大风将地面尘沙吹起，空气模糊不清，浑浊不堪，水平能见度小于500米的天气现象。

有利于产生大风或强风的天气形势，有利的沙、尘源分布和有利的空气不稳定条件，是沙尘暴或强沙尘暴形成的主要原因。强风是沙尘暴产生的动力，沙、尘源是沙尘暴物质基础，不稳定的热力条件是利于风力加大、强对流发展，从而夹带更多的沙尘，并卷扬得更高。另外干旱少雨，天气变暖，气温回升，是沙尘暴形成的特殊天气气候背景。沙尘暴形成的物理机制是在高空干冷急流和强垂直风速、风向切变及热力不稳定层结条件下，加剧锋区前后的气压、温度梯度，形成了锋区前后的巨大压温梯度。在动量下传和梯度偏差风的共同作用下，使近地层风速陡升，掀起地表沙尘。

土壤风蚀是沙尘暴发生发展的首要环节。人为过度放牧、滥伐森林植被、工矿交通建设尤其是人为过度垦荒，破坏地面植被，扰动地面结构，形成大面积沙漠化土地，直接加速了沙尘暴的形成和发育。植物措施是防治沙尘暴的有效方法之一。沙尘暴的元凶是大气环流。事实上，风就是上帝抛沙的那只手。在中国西北部和中亚内陆的沙漠和戈壁上，由于气温的冷热剧变，这里的岩石比别处能更快地崩裂瓦解，成为碎屑，地质学把它们分成：砾、沙、粉沙、黏土、黏土和粉沙颗粒，这些物质能被带到3500米以上的高空，进入西风带，被西风急流向东南方向搬运，直至黄河中下游一带才逐渐飘落下来。黄土高原是沙尘暴的一个实验室，西北部沙漠和戈壁的风沙漫天漫地洒过来，每年都要在黄土高原留下一层薄薄的黄土。

黑风的危害主要有风、沙；大风的危害一是风力破坏；二是刮蚀地皮；大风作用于干旱地区疏松的土壤时会将表土刮去一层，叫做风蚀。大风不仅刮走土壤中细小的黏土和有机质，而且还把带来的沙子积在土壤中，使土壤肥力大为降低；还会把建筑物和作物表面磨去一层，这叫做磨蚀。风沙危害主要是风蚀，而在背风凹洼等地形下，风沙危害主要是沙埋。沙尘暴主要危害有：携带细沙粉尘的强风摧毁建筑物及公用设施，造成人畜伤亡；以风沙流的方式造成农田、渠道、村舍、铁路、草场等被流沙掩埋；每次沙尘暴的沙尘源和影响区都会受到不同程度的风蚀危害，对源区农田和草场造成严重破坏；在沙尘暴源地和影响区，大气中的可吸入颗粒物增加，大气污染加剧。

沙尘暴天气多发生在内陆沙漠地区，源地主要有非洲的撒哈拉沙漠，北美中西部和澳大利亚也是沙尘暴的源地。1933—1937年，由于严重干旱，北美中西部就产生过著名的碗状沙尘暴。亚洲沙尘暴主要在约旦沙漠、巴格达与海湾北部沿岸之间的美索不达米亚、伊朗南部海滨、阿富汗北部以及哈萨克斯坦、乌兹别克斯坦及土库曼斯坦，亚洲沙尘暴中心在里海与咸海之间的沙质平原及阿姆河一带。我国西北地区也是沙尘暴频繁发生的地区，源地有古尔班通古特沙漠、塔克拉玛干沙漠、巴丹吉林沙漠、腾格里沙漠、乌兰布和沙漠和毛乌素沙漠。从1999年到2002年春，我国共发生53次沙尘暴，其中33次起源于蒙古国中南部戈壁地区。新疆南部的塔克拉玛干沙漠是我国境内的沙尘天气高发区。

沙尘暴天气是我国西北地区和华北北部地区出现的强灾害性天气。我国沙尘天气路径可分为西北路径、偏西路径和偏北路径。西北路径源于蒙古高原中西部或内蒙古西部的阿拉善高原，主要影响我国西北、华北；偏西路径源于蒙古国西南部或南部的戈壁地区、内蒙古西部的沙漠地区，主要影响我国西北、华北；偏北路径源于蒙古国乌兰巴托以南的广大地区，主要影响西北地区东部、华北大部和东北南部。

沙尘暴的危害虽然甚多，但整个沙尘暴的过程却也是自然生态系所不能或缺的部分，如澳洲的赤色沙暴所夹带来的大量铁质是南极海浮游生物重要的营养来源，而浮游植物又可消耗大量的二氧化碳，以减缓温室效应的危害，因此沙暴的影响并非全为负面。地球上最大的绿肺——亚马逊盆地的雨林也得益于沙尘暴，它的重要养分来源也是空中的沙尘。此外由于沙尘暴多诞生在干燥高盐碱的土地上，所以，往往可以减缓沙尘暴附近沉降区的酸雨作用或土壤酸化作用。

沙尘暴的治理和预防措施主要有：加强环境保护；恢复植被，加强防止风沙尘暴的生物防护体系，防止土地沙化；因地制宜制定防灾、抗灾、救灾规划，积极推广各种减灾技术；停止对自然资源的长期掠夺式开发；控制人口增长，减轻人为因素对土地的压力。我国沙尘暴预防有四道防线：一是在北京北部的京津周边地区建立以植树造林为主的生态屏障；二是在内蒙古浑善达克中西部地区建起以退耕还林为中心的生态恢复保护带；三是在河套和黄沙地区建起以黄灌带和毛乌素沙地为中心的鄂尔多斯生态屏障；四是与蒙古国建立长期合作防治沙尘暴的工作。

## 无情的洪水灾害

水灾是指洪水泛滥、暴雨积水和土壤水分过多对人类造成灾害而言。水灾以洪涝灾害为主，威胁人民生命安全，是一种影响最大的自然灾害。水灾分为“洪灾”和“涝灾”。洪灾是指大雨、暴雨所引起的山洪暴发、河水泛滥、淹没农田、毁坏农业设施等。涝灾是指雨水过多或过于集中或返浆水过多而造成农田积水成灾。水灾按照引起的原由可分为人为水灾、自然水灾两种。人为水灾如矿井水灾（透水），即是矿井在建设和生产过程中，地面水和地下水通过各种通道涌入矿井，当矿井涌水超过正常排水能力时，就造成矿井水灾。一般来说，水灾多发生在夏季雨多的时候。水灾大多发生在低海拔的地区，如我国东南部。

洪灾是由于江、河、湖、库水位猛涨，堤坝漫溢或崩溃，使洪水入境而造成的灾害。涝灾除对农业造成重大灾害外，还会造成工业甚至生命财产的损失。洪灾损失可分为直接损失和间接损失两种类型。直接损失是指洪水直接造成的财产、人员伤亡以及自然资源和农作物等方面的损失，间接损失是指因洪灾造成的直接损失给灾区内外带来影响而间接造成的经济损失。在世界其他国家，比如美国全国有7%的土地面积处于洪泛区，日本洪泛区面积占

云南彝良洪灾

全国土地面积的10%。洪水灾害发生频繁、突然，而且危及面相对集中，直接威胁人类的生命和财产安全。

洪水灾害是我国发生频率高、危害范围广、对国民经济影响最为严重的自然灾害。仅20世纪90年代，我国洪灾造成的直接经济损失约12 000 亿元人民币。受洪灾影响最大的是洪泛区。我国有洪泛区近100万平方千米，这使得全国60%以上的工农业，40%的人口，35%的耕地，600多座城市，主要铁路、公路、油田以及许多工矿企业均受到洪水灾害的威胁。我国幅员辽阔，大约2/3的国土存在着不同类型、不同程度的洪水灾害。我国防洪重点区域是东部平原地区，如辽河中下游、海河北部平原、江汉平原、洞庭湖区、鄱阳湖区以及沿江一带、珠江三角洲等，它们在地理上都位于湖泊周围低洼地和江河两岸及入海口地区。另外东南沿海的山区和滨海平原的接合部，也是洪水灾害区。

地理学百花园

## 新中国成立以来的大洪灾

1965年7月至8月上旬，黄淮地区的洪灾，受灾农田面积约300万公顷、倒房约42万间、死亡260多人、295人失踪。

1968年6月中旬至7月上旬，华南、江南地区的洪灾，淹农田53万余公顷、倒房1万余间、死亡264人、44人失踪。

1969年6月下旬至7月中旬，长江中下游地区的洪灾，受涝面积达300

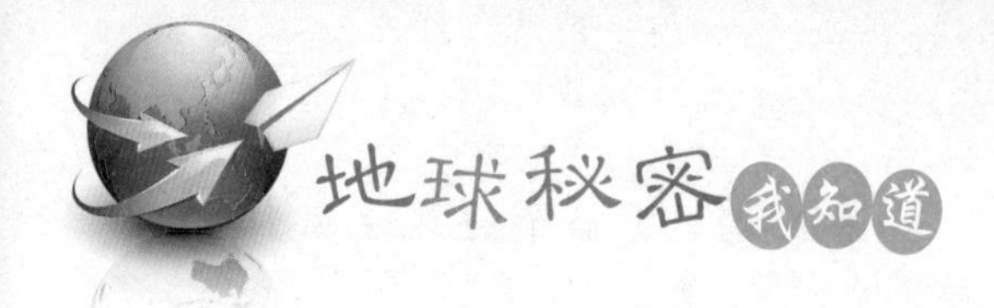


余万公顷、倒房60余万间、死亡1806人、3040人失踪。

1974年7月至8月中旬，江苏、安徽、山东的洪灾，受灾农田170万公顷、倒塌房屋100万间、死亡342人。

1981年7~8月，四川盆地的洪灾，受灾农作物100多万公顷、倒塌房屋100多万余间、死亡1358人。

1982年6~8月中旬，江南及淮河流域的洪灾，农田受灾400多万公顷、倒塌房屋50万余间、死亡900多人。

1983年6月中旬至7月中旬，长江中下游地区的洪灾，农田受灾439万公顷、倒塌房屋164万余间、死亡920余人。

1985年7月下旬至8月，东北的洪灾，农田受灾571万公顷、损坏房屋91万余间、死亡230人、200余人失踪。

1986年7~8月，东北的洪灾，农田受灾661万公顷、倒塌房屋63万余间、受灾人数15000余万人。

1989年6月下旬至7月上中旬，江南、四川东部的洪灾，农田受灾200多万公顷、倒塌房屋70多万余间、死亡900余人。

1990年6月上旬至7月，江南西部的洪灾，农田受灾800多万公顷、倒塌房屋50多万余间、死亡378人。

1991年5月18日至8月20日，南方八个省市区的洪灾，受灾人口达2.3亿，死亡3074人，农作物的受灾面积4000多万公顷。

1998年，中国的“世纪洪水”，29个省受灾，农田受灾面积3.18亿亩，受灾人口2.23亿人，死亡3千多人，房屋倒塌497万间。

# 大地的饥渴——旱灾

旱灾是指因气候严酷或不正常的干旱而形成的气象灾害。旱灾一般会因土壤水分不足，农作物水分平衡遭到破坏而减产或歉收，从而带来粮食问题，引发饥荒。同时旱灾可使人类及动物因缺乏足够的饮用水而致死。最需注意的是旱灾后容易发生蝗灾，进而引发更严重的饥荒，导致社会动荡。我国将农作物生长期内因缺水而影响正常生长称为受旱，受旱减产三成以上称为旱灾。经常发生旱灾的地区称为易旱地区。旱灾不仅使农业受灾，还影响工业生产、城市供水和生态环境。列入“世界100灾难排行榜”的1199年的埃及大饥荒、1898年的印

旱 灾

度大饥荒和1873年的中国大饥荒都是因为干旱造成，千百万人死于非命。

波及范围最广、影响最为严重的一次旱灾，是20世纪60年代末期在非洲撒哈拉沙漠周围发生的大旱。我国旱灾频繁，记载见于历代史书、地方志、宫廷档案等史料中。自公元前206年—公元1949年，曾发生旱灾1056次。明崇祯十三年（1640年）后持续受旱4～6年，旱区“树皮食尽，人相食”；清道光十五年（1785年）13个省受旱，“草根树皮，搜食殆尽，流民载道，饿殍盈野，死者枕藉”。1920年陕、豫、冀、鲁、晋5省大旱，死亡50万人；1942 —1943年大旱，仅河南饿死、病死达数百万人。新中国成立后，最严重的旱灾是1959年、1960年、1961年三年自然灾害，全国受旱面积都超过4.5亿亩。

我国大部地区属于亚洲季风气候区，降水量受海陆分布、地形等因素影响，在区域间、季节间和多年间分布不均衡。比如，秦岭淮河以北地区春旱突出，有“十年九春旱”之说；黄淮海地区常出现春夏连旱、春夏秋连旱，是全国受旱面

干 旱

积最大的区域；长江中下游地区主要是伏旱、伏秋连旱；西北地区、东北地区西部常年受旱；西南地区主要是春夏旱，四川东部常出现伏秋旱；华南地区旱灾也时有发生。

旱灾的原因主要是土壤水分不足，不能满足农作物生长的需要，造成较大的减产或绝产。旱灾的形成主要取决于气候。通常将年降水量少于250毫米的地区称为干旱地区，年降水量为250～500毫米的地区称为半干旱地区。世界上干旱地区约占全球陆地面积的25%，集中在非洲撒哈拉沙漠边缘、中东和西亚、北美西部、澳洲大部和中国西北部。这些地区的农业主要依靠山区融雪或上游来水，如果融雪量或来水量减少，就会造成干旱。世界上半干旱地区占全球陆地面积的30%，集中在非洲北部、欧洲南部、西南亚、北美中部及中国北方。这些地区降雨较少，分布不均，易造成季节性干旱。

自然界的干旱是否造成灾害，受多种因素影响，对农业生产的危害程度取决于人为影响。世界各国防止干旱的主要措施有：兴修水利，发展农田灌溉；改进耕作制度，选育耐旱品种，充分利用降雨；植树造林，改善区域气候，减少蒸发；应用现代技术和节水措施，如人工降雨、喷滴灌、地膜覆盖、保墒等。防止水土流失的措施有：多植树种草；沙地不种植农作物而种草和树，防止土地沙化；防止土壤板结，多用农家肥，少用无机肥；以年为单位，隔年种植；少用含磷一类的化肥，会造成藻类大量繁殖。1949年以来，我国兴修了大量水利工程，提高了抗旱能力。通过引、提、蓄等多种措施，挖掘水源，扩大灌溉面积，保证了农业生产。但全国不少地区抗旱灾的能力还较低，抗旱任务仍很艰巨。

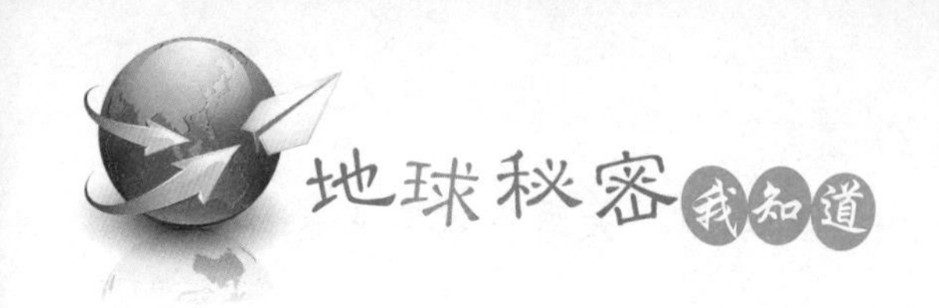


## 地理学百花园

### 历史上著名的旱灾

古希腊伟大文化的中心——位于雅典西南的迈锡尼，因为旱灾及由旱灾引起的饥民暴动而变为废墟，迈锡尼文化也彻底毁灭。

唐天宝末年到乾元初，公元8世纪中期，连年大旱，以致瘟疫横行，出现“人食人”，“死人七八成”的景象，全国人口由5000多万降为1700万。

明崇祯年间，华北、西北从1627年到1640年发生了连续14年的干旱，呈现“赤地千里无禾稼，饿殍遍野人相食”的景象。这次特大旱灾加速明王朝的灭亡。

光绪初年的华北大旱灾，称为“丁戊奇荒”；因河南、山西旱情最重，又称“晋豫奇荒’“晋豫大饥”。从1876年到1879年，持续了整整四年，受灾地区有山西、河南、陕西、直隶、山东等北方五省，波及苏北、皖北、陇东和川北，饿死的人达1000万，

1920年，山东、河南、山西、陕西、河北等省遭受旱灾，灾民2000万，死亡50万人。

1928—1929年，陕西大旱，死亡250万人，被卖妇女达30多万人。

1943年，广东大旱，造成严重粮荒，仅台山县就死亡15万人。

1943年，印度、孟加拉等地大旱，粮食歉收，死亡350万人。

1959—1961年，历史上称为“三年自然灾害时期”，全国连续3年大范围旱情，人口非正常死亡急剧增加，仅1960年全国总人口就减少1000万人。

1968—1973年，非洲大旱，涉及36个国家，死亡200万以上。

1978—1983年，全国连续6年大旱，受旱面积近20亿亩，北方是主要受灾区。

## 电闪雷鸣的雷暴

雷暴是指伴有雷击、闪电的强对流天气，产生于强烈的积雨云中，常伴有强烈的阵雨或暴雨，有时伴有冰雹、龙卷风。雷暴分为单细胞雷暴、多细胞雷暴及超级细胞雷暴三种。分辨它们的方法是根据大气的不稳定性及不同层次里的相对风速。单细胞雷暴是指在大气不稳定，只有少量甚至没有风切变时发生，通常较短暂，不会持续1小时，也称为阵雷；多细胞雷暴是由多个单细胞雷暴所组成，会因气流的流动而形成阵风带。如果风速加快、大气压力加大、温度下降，阵风带会越来越大；超级细胞雷暴是指在风切变极大时发生并由各种不同程度的雷暴组成，破坏力最大，可能产生龙卷风。另外，根据雷暴形成时的大气条件和地形条件，雷暴又分为热雷暴、锋雷暴和地形雷暴。有人把冬季发生的雷暴划为单独一类，称为冬季雷暴。我国南部还有旱天雷（干雷暴）。雷暴出现的时间多在下午。夜间引起雷暴，称为夜雷暴。

雷电是一种大气中放电现象，产生于积雨中。积雨云在形成过程中，某些云团带正电荷，某些云团

雷 暴

骤增，使空气体积急剧膨胀，从而产生冲击波，导致强烈的雷鸣。当云层很低时，有时可形成云地间放电，就是雷击。因此雷暴是大气不稳定状况的产物，是积雨云及其伴生的各种强烈天气的总称。

雷云的成因及所蕴涵的能量主要来自大气的运动，气流的运动、摩擦以及风对云块的作用，令其作切割地球磁场磁力线运动，从而使不同的电荷、带电微粒进一步分离、极化，最终形成积聚大量电荷的雷云。当雷云的电场强度达到足够大时将引起雷云中的内部放电，或雷云间的强烈放电，或雷云对大地、其他物体间放电，即所谓雷电。总之，雷暴是大气的放电现象，一般伴有阵雨，有时出现局部大风、冰雹等强对流天气。强雷暴会带来灾

带负电荷。它们对大地的静电感应，使地面或建筑物表面产生异性电荷，当电荷积聚到一定程度时，不同电荷云团之间，或云与大地之间的电场强度可以击穿空气，于是云的上、下之间形成一个电位差，当电位差大到一定程度后，就产生放电。放电过程中，闪道中的温度

杭州罕见雷暴天气

害，如雷击人身，家用电器、计算机机房遭雷击或感应雷而损坏，有时还引起火灾。雷暴有时会生成火球，一般发生在雷区。雷暴产生火球后，经常袭击生命体，并释放出强大的能量。在雷区避免雷暴击中的方法是一动不动，并且不能发出声响。

我国雷暴是南方多于北方，山区多于平原。多出现在夏季和秋季，冬季只在我国南方偶有出现。“雷暴日”是以一年当中该地区有多少天发生耳朵能听到雷鸣来表示该地区的雷电活动强弱。我国雷暴日最多的地区是海南岛及广东的雷州半岛。雷暴中的注意事项有：留在室内；在室外工作的人，应躲入建筑物内；切勿游泳或进行其他水上运动；避免使用电话或其他带有插头的电器；切勿接触天线、水龙

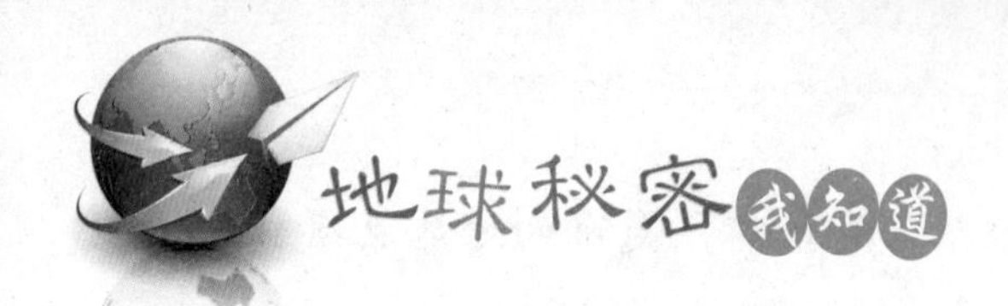


头、水管、铁丝网或其他金属装置；避免淋浴，切勿处理以开口容器盛载的易燃物品；切勿站立山顶上或接近导电性高的物体；树木或桅杆容易被闪电击中，应尽量远离；不要躺在地上，潮湿地面尤其危险；尽量减少与地面接触的面积；切勿在河流、溪涧或低洼地区逗留。

## 吞噬生命的泥石流

泥石流是一种自然灾害，是山区特有的一种自然地质现象，是山区沟谷中，由暴雨、冰川、冰雪融水等水源激发的，含有大量的泥砂、石块的特殊洪流。泥石流的特征是突然暴发，浑浊的流体沿着陡峻的山沟前推后拥，咆哮而下，在很短时间内将大量泥砂、石块冲出沟外，具有很大的破坏力，给人类生命财产造成重大危害，是一种灾害性地质现象。泥石流的运动过程介于山崩、滑坡和洪水之间，是各种自然因素（地质、地貌、水文、气象等）、人为因素综合作用的结果。除南极洲外，各大洲都有泥石流的踪迹。泥石流最多的地区是欧洲阿尔卑斯山区、亚洲喜马拉雅山区、南北美洲太平洋沿岸山区。泥石流的危害是冲毁城镇、矿山、乡村，造成人畜伤亡，破坏房屋及其他工程设施，破坏农作物、林木及耕地，淤塞河道、引起水灾。泥石流还对修建于河道上的水电工程造成很大危害。

泥石流的特征是突然暴发，浑浊的流体沿着陡峻的山沟前推后拥，咆哮而下，在很短时间内将大量泥砂、石块冲出沟外，具有很大的破坏力，给人类生命财产造成重大危害，是一种灾害性地质现象。泥石流与洪水的区别是洪流中含有足够数量的泥沙石等固体碎屑物。泥石流按其物质成分分为泥石流、泥流、水石流。由大量粘性土和粒径不等的砂粒、石块组成的叫泥石流；以粘性土为主，含少量砂粒、石块、粘度大、呈稠泥状的叫泥流；由水和大小不等的砂粒、石块组成的叫水石流。按物质状态分为粘性泥石流、稀性泥石流。粘性泥石流，是含大量粘性土的泥石流或泥流，稠度大，石块呈悬浮状态，暴发突然，持续时间短，破坏力大。稀性泥石流以水为主要成分，粘性土含量少，其堆积物在堆积区呈扇状散流，停积后似“石海”。另外，泥石流按成因分为水川型泥石流、降雨型泥石流；按流域大小分为大型泥石流、中型泥石流、小型泥石流；按发展阶段分为发展期泥石流、旺盛期泥石流、衰退期泥石流等。

泥石流

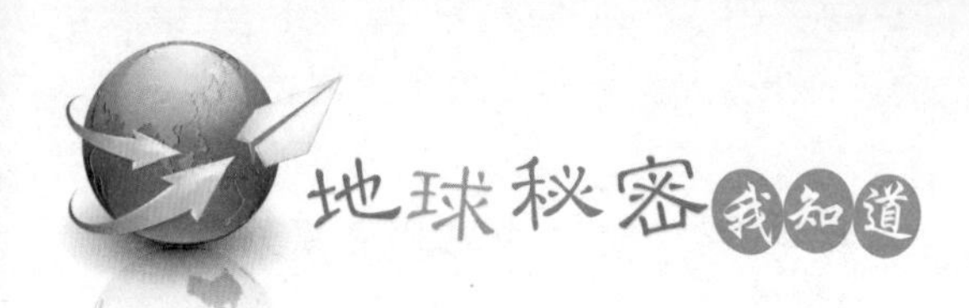


泥石流是介于流水与滑坡之间的一种地质作用。一般来说，泥石流由悬浮着的粗大的固体碎屑物并富含粉砂及粘土的粘稠泥浆组成。在一定的地形条件下，大量的水体浸透山坡或沟床中的固体堆积物质，饱含水分的固体堆积物在自身重力作用下发生运动，就形成泥石流。影响泥石流强度的因素有泥石流容量、流速、流量，其中泥石流流量对泥石流成灾程度的影响最主要。泥石流的活动强度主要与地形地貌、地质环境和水文气象条件有关。

泥石流的形成必须同时具备3个条件：陡峻的便于集水、集物的地形、地貌；有丰富的松散物质；短时间内有大量的水源。泥石流的地貌一般分为形成区、流通区和堆积区。上游形成区的地形多为三面环山，一面出口的漏斗状，这样的地形有利于水和碎屑物质的集中；中游流通区的地形多为狭窄陡深的峡谷，谷床纵坡降大，使泥石流能迅猛直泻；下游堆积区的地形为开阔平坦的山前平原或河谷地，使堆积物有堆积场所。泥石流常发生于地质构造复杂、断裂褶皱发育、地震烈度较高的地区。地表岩石破碎、崩塌、错落、滑坡等地质现象，为泥石流的形成提供了丰富的固体，另外滥伐森林造成水土流失，开山采矿、采石弃渣等，也为泥石流提供大量的物质来源。泥石流的水源有暴雨、水雪融水和水库溃决水体。我国泥石流水源主要是暴雨、长时间的连续降雨。

泥石流的人为诱发因素有：不合理开挖（即修建铁路、公路、水渠以及其它工程建筑的不合理开挖）；不合理的弃土、弃渣、采石；滥伐乱垦（会使植被消失，山坡失去保护、土体疏松、冲沟发育，加重水土流失，使崩塌、滑坡等地质现象发育，容易产生泥石流）。泥石流的预测预报工作很重要，这是防灾和减灾的重要步骤和措施。目前我国对泥石流的预测预报常采取：在典型的泥石流沟进行定点观测研究；加强水文、气象的预报工作，特别是对小范围的局部暴雨的预报；建立泥石流技术档案；划分泥石流的危险区、潜在危险区；开展泥石流防灾警报器的研究及室内泥石流模型试验研究。

我国是多山国，受岩层断裂等地质构造的影响，许多山体陡峭，岩石结构不稳固，森林覆盖面积不多，遇到季风气候的连阴雨、大暴雨天气，常发生严重的泥石流灾害。黄土高原、天山、昆仑山、太行山、长白山泥石流都很严重。在我国的公路网中，以川藏、川滇、川陕、川甘等线路的泥石流灾害最严重。我国泥石流的暴发主要是受连续降雨、暴雨，尤其是特大暴雨集中降雨的激发。因此具有明显的季节性。一般发生在多雨的夏秋季节。比如西南地区的泥石流多发生在6~9月；西北地区多发生在7、8月。泥石流的发生受暴雨、洪水、地震的影响，而暴雨、洪水、地震总是周期性出现。因此泥石流的发生和发展也具有一定的周期性。一般来说，当暴雨、洪水的活动周期相叠加时，常形成泥石流活动的高潮。

## 生物灾难——蝗灾

蝗虫属于节肢动物门、昆虫纲、直翅目、蝗科，身体一般绿色或黄褐色，后足大，适于跳跃。其幼虫称为“蝻”，主要以禾本科植物为食，种类很多，世界上有1万余种，我国有300余种，如飞蝗、稻蝗、竹蝗、意大利蝗、蔗蝗、棉蝗等。中国历史上曾发生多次蝗

蝗 灾

灾，主要集中在河北、河南、山东三省。蝗灾不但对历代的农业生产造成危害，而且引发了众多的饥荒、社会动乱。2004年11月21日，数百万只蝗虫蜂拥来到以色列埃拉特，毁坏了这个以色列南部城市的大量庄稼和鲜花。这是1959年以来以色列首次遭受如此严重的蝗灾。按照《圣经》的说法，蝗灾是埃及法老拒绝让犹太人离开而遭上帝惩罚的10大灾难中的第八灾。蝗虫是犹太法律规定的唯一一种可以食用的昆虫，如做成蝗虫串、蝗虫条、炒蝗虫。

严重的蝗灾往往和严重旱灾相伴而生。我国古书有“旱极而蝗”的记载。造成这一现象的主要原因是，蝗虫是一种喜欢温暖干燥的昆虫，干旱的环境对它们繁殖、生长发育和存活有益。干旱使蝗虫大量繁殖，酿成灾害的缘由有两方面。一是在干旱年份，水位下降，土壤变得坚实，含水量降低，地面植被稀疏，蝗虫产卵数量大为增加。同时河、湖水面缩小，低洼地裸露，也为蝗虫提供了更多适合产卵的场所。二是干旱环境生长的植物含水量较低，蝗虫以此为食，生殖力较高。相反，多雨和阴湿环境对蝗虫的繁衍不利。植物含水量高会延迟蝗虫生长和降低生殖力，多雨阴湿的环境还会使蝗虫流行疾病，雨雪能直接杀灭蝗虫卵。

蝗虫通常胆小、喜欢独居，危害有限。但有时会改变习性，喜欢群聚生活，最终大量聚集、集体迁飞，形成令人生畏的蝗灾。科学家研究发现，当蝗虫后腿的某个部位受刺激之后，它们就会突然变得喜爱群居，而触碰身体其它部位都不

蝗 虫

会有这种效果。因此科学家认为，在某一自然环境中偶然聚集的蝗虫后腿彼此触碰，可能导致其改变习性，开始成群生活，进而形成蝗灾。总之，全球变暖，尤其冬季温度的上升，有利于蝗虫越冬卵的增加，为第二年蝗灾的爆发提供“虫卵”；此外气候变暖、干旱加剧、草场退化等，为蝗虫产卵提供合适的产地。而虫口密度过大会引发蝗灾，最终成为巨大的蝗群。

蝗灾的防治方法主要有环境保护（蝗虫必须在植被覆盖率低于50%的土地上产卵，如果山清水秀，没有裸露的土地，蝗虫就无法繁衍）、药剂防治（选用高效、低毒、低残留的农药，用敌百虫粉撒于小竹、杂草上，或用敌敌畏烟剂熏杀）、天敌防治（实行植物保护、生物保护、资源保护和环境保护四结合，保护好蝗虫的天敌包括鸟类、两栖类、爬行类等）。

# 第六章

# 古今中外的地理学家

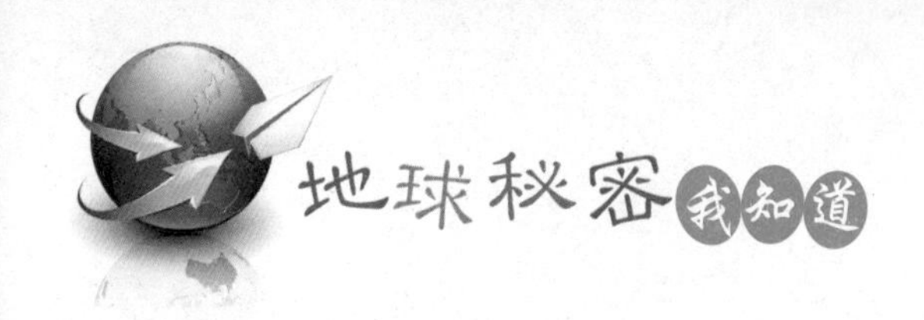


地理学是研究地球、地球环境与人之间关系的一门基础科学，其分为自然地理学、经济地理学和人文地理学。可以细分为古地理学、地貌学、气候学、水文地理学、土壤地理学、生物地理学、植物地理学、动物地理学、化学地理学、医学地理学、冰川学、冻土学、物候学、火山学、地震学、社会文化地理学、人种地理学、人口地理学、聚落地理学、社会地理学、文化地理学、宗教地理学、经济地理学、农业地理学、工业地理学、商业地理学、交通运输地理学、旅游地理学、政治地理学、军事地理学、城市地理学、历史地理学、区域地理学、地图学、地名学、方志学、理论地理学、应用地理学、地理数量方法、计量地理学、景观生态学、地理信息系统、地理实察方法、地理技术方法。

地理学家是指接受了专门的地理学训练，以研究地球表面的地理环境中的各种自然和人文的现象，以及它们之间互相关系（即地理学）为目的的科学家。地理学在中国有着悠久的历史，历代的国家史志中都有专门的记载某一地区的地理志，而且在古代中国，地理典籍众多，远在远古时代即有《尚书》《山海经》等地学著作。而在西方，地理学主要研究天地关系及地球本身，与中国地理科学具有深厚的人文传统有所不同。古今中外著名的地理科学家有徐霞客、郭守敬、罗洪、徐弘祖、郦道元、斐秀、范成大、黄裳、李兆洛、魏源、徐松、竺可桢、胡兆量、陈其南、侯仁之、大卫·哈威、爱德华·W·苏贾、戈迪、爱拉托散尼、李希霍芬、埃拉托色尼、斯特拉波、瓦伦纽斯、莫尔斯、伊德列西、麦卡托、利玛窦、李特尔等，本章我们就来列举介绍一些古今中外著名的地理学家。

# 中国地理学家

### ◆ 张衡与《灵宪》

张衡（公元78—139年），字平子，河南南阳石桥镇人，我国东汉时期伟大的天文学家、地理学家，为我国天文学、机械技术、地震学作出了不可磨灭的贡献，是东汉中期浑天说的代表人物，指出月球本身并不发光，月光其实是日光的反射的学说，解释了月食的成因，认识到行星运动的快慢与距离地球远近的关系。张衡的其他天文地理方面的贡献还有：所制作的浑天仪是一种演示天球星象运动用的表演仪器，制作了我国古代最重要的计时仪器——刻漏。张衡的另一杰出贡献是地震学，发明了候风地

张　衡

动仪。张衡所著的天文学著作，以《灵宪》最著名。张衡的另一部天文著作《浑天仪图注》，还测定出地球绕太阳一年所需的时间是“周天三百六十五度又四分度之一”，这和近代天文学家所测量的时间365天5小时48分46秒的数字十分接近，说明张衡对天文学的研究已达到相当高的水平。

《灵宪》是一部阐述天地、

地动仪

日月、星辰生成和运动的著作，总结了当时的天文知识。如在阐述浑天理论时，提出了“天球”的直径问题，张衡认为“过此而往者，未之或知也。未之或知者，宇宙之谓也。宇之表无极，宙之端无穷”，明确提出宇宙在时间、空间上都是无穷无尽的；指出月亮本身并不发光，月光是反射的太阳光，张衡认为“夫日譬犹水，火则外光，水则含景。故月光生于日之所照，魄生于日之所蔽；当日则光盈，就日则光尽也”；解释了月食发生的原因，张衡认为“当日之冲，光常不合者，蔽于地也，是谓暗虚。在星则星微，遇月则食。”此外，张衡在《灵宪》中还算出了日、月的角直径，记录了在洛阳观察到的恒星2500多颗，常明星124颗，这和近代天文学家观察的结果是相当接近的。

### ◆ 郦道元与《水经注》

郦道元（470—527年），字善长，今河北涿州市人，北魏地理学家、散文家。北魏孝昌三年被害于关中（今陕西临潼县）。出生于官宦世家，郦道元先后在平城（北魏首都，今山西大同）和洛阳担任过骑都尉、御史中尉和北中郎将等，做过冀州长史，鲁阳太守，河南（今洛阳）尹。527年，六镇叛乱，国家正值多事之秋，郦道元“执法清刻”，“素有严猛之称”，颇遭豪强和皇族忌恨。郦道元在奉命赴任关右大使的路上，雍州刺史受汝南王元悦怂恿派人把郦道元杀害。郦道元的著作有《水经注》《本志》《七聘》。

郦道元少年时代就爱好游览，曾游遍山东。做官后，每到一个地方，都要游览当地名胜古迹，留心勘察水流地势，探溯源头，阅读了大量地理著作，积累了丰富的地理学知识，撰写了地理巨著——《水经注》。《水经》写于三国，是一部专门研究河流水道的书籍，原文

郦道元塑像

相当简略，没有把水道的来龙去脉和详细情况说清楚。郦道元认为，应该把经常变化的地理面貌详细准确地记载，决心为《水经》作注。郦道元十分注重实地考察和调查研究，查看了不少地图。在写作体例上，《水经注》不同于《尚书·禹贡》和《汉书·地理志》，以水道为纲，详细记述各地的地理概况，开创了古代综合地理著作的一种新形式。《水经注》对全国地理情况作了详细记载，还谈到了一些外国河流。内容上，不仅详述了每条河流的水文情况，而且把每条河流流域内的地质、地貌、地壤、气候、物产、民俗、城邑兴衰、历史古迹以及神话传说等综合起来，做了全面描述。《水经注》也是一部山水游记。

### ◆ 天文地理学家僧一行

僧一行，本名张遂，河北邢台人，唐高宗咸亨四年（673年），出生于河南濮阳南乐县。一行是他的法名，又叫大慧禅师。张遂的曾祖是唐太宗李世民的功臣张公谨。张氏家族在武则天时代已经衰微。为逃避武三思的拉拢，张遂21岁出家为僧，取法名一行，先后在嵩山、天台山学习佛经和天文历算，成为

僧一行

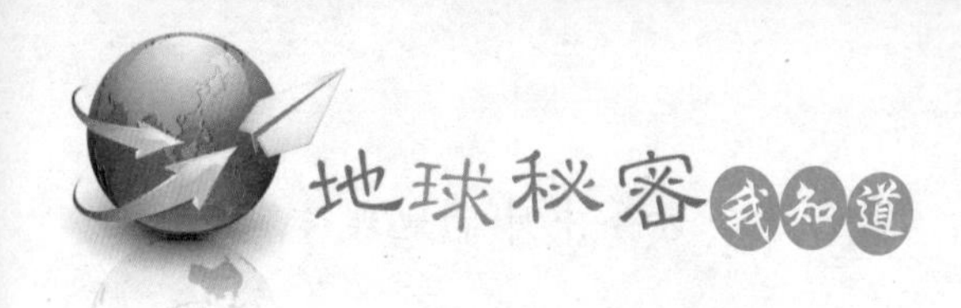


中国佛教密宗之祖，曾译《大日经》，著有《宿曜仪轨》《七曜星辰别行法》《北斗七星护摩法》和《梦天火罗九曜》等著作，把印度佛教中的天文学和星占学纳入中国古代天文学和星占学的体系中。

张遂年青时十分好学上进，常到长安城内藏书很多的元都观阅览，后又徒步跋涉几千里，寻访知名的人去请教，以精通天文、历法而出名。开元五年（717年），一行从所隐居的荆州当阳山佛寺来到京都长安，充当唐玄宗的顾问。致力于天文研究和历法改革，是世界上第一位测量子午线的人。在修历问题上，一行主张在实测日月五星运行情况的基础上编制新历，和机械专家梁令瓒一起，共同创制了黄道游仪、水运浑天仪等天文仪器，用以观测日、月、五星的运动以及恒星的赤道坐标和它们对黄道的相对位置。

开元十二年，僧一行主持了全国大规模的天文大地测量。开元十三年，僧一行开始编制《大衍历》，以定气（二十四节气）来计算太阳的视运动，发明了不等间距的二次差内插法，提出“食差”的概念，并对不同地方、不同季节分别创立了被称为“九服食差”（九服是各地的意思）的经验公式。开元十五年十月去世，玄宗亲自撰塔铭，谥其为“大慧禅师”。

◆ **北宋地理学家乐史**

乐史，字子正，抚州宜黄（今属江西）人，北宋传奇作家、地理学家。初仕南唐，入宋后为著作郎、直史馆等。著述传奇小说有《广卓异记》《绿珠传》《杨太真外传》；地理著作有《太平寰宇记》193 卷，辑述地志，为后代方志之始。

◆ **沈括与《梦溪笔谈》**

沈括（1031—1095年），字存中，号梦溪丈人，浙江杭州人，北宋科学家、政治家。精通天文、数学、物理学、化学、生物学、地理学、农学和医学，对方志律历、音乐、医药、卜算等无所不精。神宗时参与王安石变法运动。熙宁五年（1072年）提举司天监，熙宁八年出使辽国。晚年以平生见闻，在镇江梦溪园撰写巨著《梦溪笔谈》。

沈 括

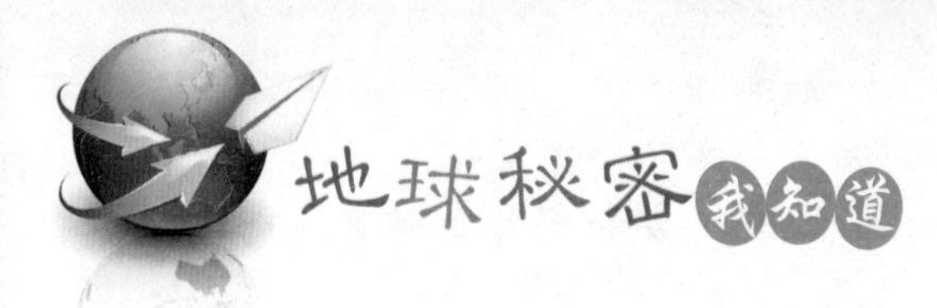


沈括十分重视发展农业生产和兴修水利，主持了治理沭水的工程；主持了安徽芜湖的万春圩工程，撰写了《圩田五说》《万春圩图书》等著作。沈括还是天文学家，研究改革了浑仪、浮漏和影表等天文观测仪器，撰写了《浑仪议》《浮漏议》和《景表议》等论文。

《梦溪笔谈》是一本有关历史、文艺、科学等各种知识的笔记文学体裁，被称为“中国科技史上的里程碑”，记载了劳动人民在科学技术方面的卓越贡献和他自己的研究成果，在世界文化史上有重要地位，被誉为“中国科学史上的坐标”。筑成就，卫朴的历法，孙思恭释虹，河北“团钢”“灌钢”技术，羌人“浸铜”技术等内容，是重要的科技文献。《梦溪笔谈》包括《笔谈》《补笔谈》《续笔谈》三部分。其中《笔谈》依次为“故事、辩证、乐律、象数、人事、官政、机智、艺文、书画、技艺、器用、神奇、异事、谬误、讥谑、杂志、药议”。全书内容涉及天文、历法、气象、地质、地理、物理、化学、生物、农业、水利、建筑、医药、历史、文学、艺术、人事、军事、法律等领域。

### ◆ 南宋地理学家范成大

范成大（1126—1193年），字致能，号石湖居士，谥文穆，江苏苏州人。范成大与杨万里、陆游、尤袤，合称南宋“中兴四大诗人”。范成大的作品在清初影响尤大，有“家剑南而户石湖”（“剑南”指陆游《剑南诗稿》）之说。范成大的诗风轻巧，但用僻典、佛典，《四时田园杂兴》是其代表作，“算得中国古代田园诗的集大成”。他范成大还是著名的词作家，地理学家，有《石湖诗集》《石湖词》《桂海虞衡志》《揽辔录》《骖鸾录》《吴船录》《吴郡志》等著作传世。

### ◆ 元代天文地理学家郭守敬

郭守敬（1231—1316年），字若思，邢台人，元代天文学家、数学家和水利学家。郭守敬曾担任都水监，负责修治元大都至通州的运河。1276年修订新历法，制订出《授时历》，是当时世界上最先进的一种历法。郭守敬采用了类似球面三角算法的“弧矢割圆术”来处理黄道和赤道的坐标换算；在计算太阳、月亮和行星原形位置时，创造了“招差法”，也就是三次差内插法；设计制作了多种天像观测仪器，如简仪、高表；组织了大量的天象观测，包括测定恒星位置，测定冬至点、近地点以及黄道和白道交点位置；编制了月亮运动表，测定了全国27个观测点的纬度；确定了一个月为29.530593日，一年为365.2425日；确定以一年的1/24作为一个节气，以没有中气的月份为闰月。为纪念郭守敬，邢台市最主要的一条街道命名为“郭守敬大街”。

郭守敬

郭守敬

◆ **元代地理学家朱思本**

朱思本，字本初，号贞一，江西临川人，元代地理学家、地图学家。早年在龙虎山（江西贵溪县境内，道教正一教发源地）学道，常以奉诏代祭名山河海的机会，周游各地，考查地理，研究郡邑沿革，校验前人地图中的谬误。朱思本历时10年绘成《舆地图》，先分别绘成各地分幅地图，而后汇编为总图，曾刻石于贵溪上清宫三华院，已失传。明代罗洪先据此图增订重编为《广舆图》。

### ◆ 徐霞客与《徐霞客游记》

徐霞客（1586—1641年），名弘祖，字振之，号霞客，明代散文家、地理学家，江苏江阴人。徐霞客出身官僚地主家庭，博览史籍、图经、地志。应试不第后，感慨政治黑暗，遂以“问奇于名山大川”为志，自22岁起出游，游历了江苏、浙江、山东、河北、山西、陕西、河南、安徽、江西、福建、广东、广西、湖南、湖北、贵州、云南等地，观察所得，按日记载，写成《徐霞客游记》。该书是中国最早的一部比较详细记录所经地理环境的游记，也是世界上最早记述岩溶地貌并详细考证其成因的书籍。

《徐霞客游记》的地理学贡献主要有：记述了喀斯特地区的类型分布和各地区间的差异，尤其是喀斯特洞穴的特征、类型及成因，记述了诸如广西、贵州、云南等地的洞穴270多个，一般都有方向、高度、宽度和深度的具体记载，并论述其成因，是考察喀斯特地貌的先驱；纠正了文献记载的关于中国水道源流的一些错误，肯定金沙江是长江上源；指出河岸弯曲或岩岸近逼水流之处冲刷侵蚀厉害，河床坡度与侵蚀力的大小成正比等问题；记述了很多植物的生态品种，提出地形、气温、风速对植物分布和开花早晚的影响；调查了云南腾冲打鹰山的火山遗迹，解释了火山喷发出来的红色浮石的质地及成因；对地热现象进行了详细且最早的描述；对所到之处的人文地理情况，包括经济、交通、城镇聚落、少数民族和风土文物等作了记述。与此

徐霞客

同时，《徐霞客游记》也是一部文字优美的游记文学著作。

### ◆ 明代天文地理学家徐光启

徐光启（1562—1633年），字子先，号玄扈，教名保禄，明末农学家、地理学家、政治家，上海人。明代天主教徒，被称为“圣教三柱石”之首。通天文、历算，习火器，与意大利人利玛窦研讨学问；与传教士熊三拔共制天、地盘等观象仪；奉旨与传教士龙华民、邓玉函、罗雅各等修正历法。著有《徐氏庖言》《诗经六帖》，编著《农政全书》《崇祯历书》，译有《几何原本》《泰西水法》。徐光启在天文学上的成就主要是主持历法的修订和《崇祯历书》的编译。

编制历法，在中国古代是关系到“授民以时”的大事，为历代王朝所重视。明代施行的《大统历》，实际是元代《授时历》的继续，日久天长，已严重不准。万历三十八年（1610年），朝廷决定由徐光启与传教士共同译西法。协助徐光启进行修改历法的中国人有李之藻、李天经，外国传教士有龙华民、庞迪峨、熊三拔、阳玛诺、艾儒略、邓玉函、汤若望等。《崇祯历书》的编译，自崇祯四年（1631年）起直至十一年（1638年）完成。徐光启负责《崇祯历书》全书的总编工作，亲自参加了其中《测天约说》《大测》《日缠历指》《测量全义》《日缠表》等的具体编译工作。《崇祯历

徐光启

徐光启

书》采用的是第谷体系，认为地球是太阳系的中心，日、月和诸恒星均作绕地运动，而五星则作绕日运动。《崇祯历书》还引入了大地为球形的思想，以及大地经纬度的计算及球面三角法，区别了太阳近远地点和冬夏至点的不同。《崇祯历书》还引进了星等的概念，根据第谷星表和中国传统星表，制作了第一张全天性星图，成为清代星表的基础。

◆ **清代地理学家严如熤**

严如熤（1759—1826年），清地理学家，字乐园，湖南溆浦人，就读岳麓书院，精研天文、地理、兵法。湘黔边苗民大起义时，为湖南巡抚姜晟幕僚，撰《苗防备览》，说明苗疆地理形势，苗俗风习，提出对策。嘉庆五年（1800年）上《三省边防备览》，得清廷赞赏，拔升汉中知府，陕安兵备道，积极筹划镇压白莲教起义。同时推行区田法，教民纺织，创办社仓、义学，筹划水利。其他著作有《洋务辑要》《汉中府志》。

◆ **清代地理学家李兆洛**

李兆洛（1769—1841年），字

申耆，江苏武进人，清朝地理学家、文学家。嘉庆十年进士，殿试高居二甲第二名，曾任凤台知县，后主讲江阴书院。精通音韵、史地、历算之学，推崇桐城派。有《养一斋集》《历代地理志韵编今释》《历代地理沿革图》《皇朝舆地韵编》《皇朝一统舆图》等。

◆ 清代地理学家魏源

魏源（1794—1857年），原名远达，字默深，一字墨生，又字汉士，号良图，湖南邵阳人，晚清思想家、地理学家。林则徐的好友，近代中国“睁眼看世界”的首批知识分子。晚年隐居杭州，潜心佛教，法名承贯。著有《海国图志》《圣武记》《皇朝经世文编》《摩诃阿弥陀经》。《海国图志》阐述了作者“师夷长技以制夷”的思想，主张学习国外先进的科学技术以抵御外国的侵略，使中国走上富强的道路。

◆ 清代地理学家徐松

徐松（1781—1848年），字星伯，浙江上虞人，清代著名地理学家。嘉庆十年（1805年），二甲第一名进士，授翰林院编修，嘉庆十四年入全唐文馆，主编《全唐

魏 源

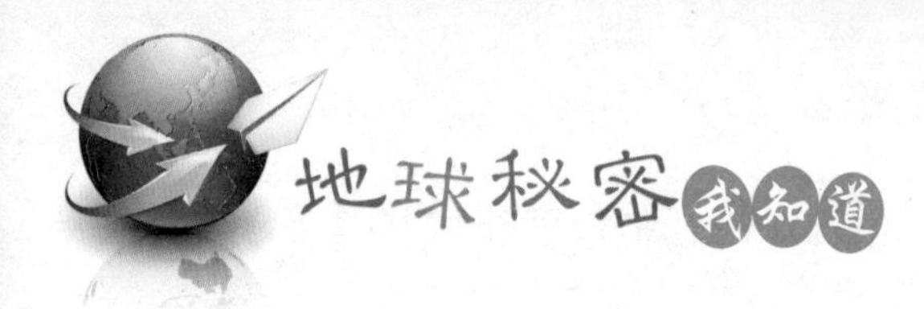


文》；又从《永乐大典》中辑出《宋会要辑稿》500卷。著有《河南志》《中兴礼书》《唐两京城坊考》《登科纪要》《新疆赋》《西域水道记》《新疆识略》。

◆ **地理学家竺可桢**

竺可桢（1890—1974年），字藕舫，浙江绍兴上虞人，气象学家、地理学家、教育家。1890年出生于浙江绍兴上虞东关镇。1909年进入唐山路矿学堂（今西南交通大学）土木工程系学习。1913年毕业于美国伊利诺伊大学农学院。1918年到1920年，任教于国立武昌高等师范学校（今武汉大学）。1920年到1929年任南京大学地学系主任，筹建气象测候所，是中国自建和创办现代气象事业的起点和标志。1929年到1936年，任中央研究院气象研究所所长。1936年到1949年任国立浙江大学校长，使浙江大学成为“东方剑桥”。1949年10月16日，任中国科学院副院长，筹建中国科学院地理研究所。重要著作有《中国近五千年来气候变迁的初步研究》。

竺可桢的教育名言有“大学教育之目的，在于养成一国之领导人材，一方提倡人格教育，一方研讨专门智识，而尤重于锻炼人之思想，使之正大精确，独立不阿，遇事不为习俗所囿，不崇拜偶像，不盲从潮流，惟其能运用一己之思想，此所以曾受真正大学教育之富于常识也。”“一个学校实施教育的要素，最重要的不外乎教授的人选，图书仪器等设备和校舍建筑。这三者之中，教授人才的充实，最为重要。”“教授是大学的灵魂，一个大学学风的优劣，全视教授人选为转移。假使大学里有许多教授，以研究学问为毕生事业，以作育后进为无上职责，自然会养成良好的学风，不断的培植出来博学敦行的学者。”“科学家的态度，应该是知之为知之，不知为不知，丝毫不能苟且。”“据吾人的理想，科学家应取的态度应该是：不盲从，不附和，一以理智为依归。如遇横逆之境遇，则不屈不挠，不畏强御，只问是非，不计利害；虚怀

竺可桢

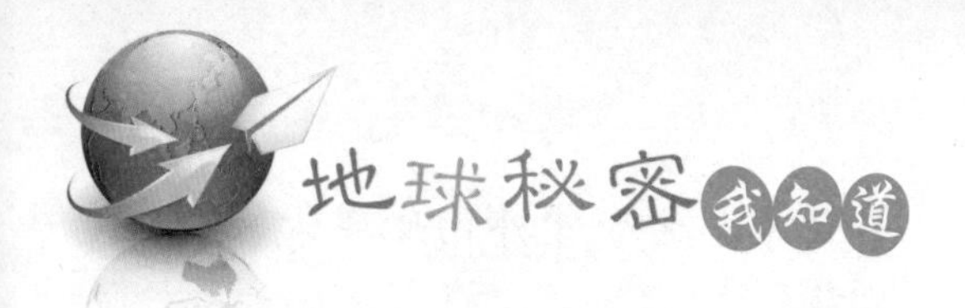


若谷，不武断，不蛮横；专心一致，实事求是，不作无病之呻吟，严谨整饬，毫不苟且。”

◆ **历史地理学家侯仁之**

侯仁之（1911－），祖籍山东恩县，生于河北枣强县，著名历史地理学家、中国科学院院士、北京大学教授。1940年毕业于燕京大学，1949年在英国利物浦大学获得博士学位。1952年起任教于北京大学地质地理系。侯仁之被认为是中国历史地理学的奠基人之一，对北京历史地理的研究贡献很大，解决了北京城市起源、城址变迁等重要问题。在北京城市建设中，侯仁之为保护莲花池、后门桥（今万宁桥）等古城遗迹做出了重要贡献。

◆ **地图学家蔡孟裔**

蔡孟裔，1940年8月出生，上海人。任职于华东师范大学地理系，曾任地理系副系主任、教育部城市与环境考古遥感开放研究实验室主任、中国地理学会地理教育委员会副主任、地图学与地理信息系统专业委员会委员，1985年曾任国际制图协会（ICA）城市制图委员会副主席。蔡孟裔长期从事地图学及相关学科的教学工作，以及专题地图编制、遥感应用等方面的科研工作。先后负责、承担并完成了多项“六五”“七五”“八五”国家科技攻关课题，完成的地图著作有《渤海黄海海域污染防治研究图集》《中国教育地图集》《上海市地图集》《新编地图学教程》《地图学概论》《TM影像及其在上海地区的初步应用》等。

# 国外地理学家

### ◆ 地理学家李希霍芬

费迪南·冯·李希霍芬男爵（1833—1905年），德国旅行家、地理地质学家、科学家。曾就读于布雷斯劳及柏林大学，在奥地利的提罗尔和罗马尼亚西部的特兰西瓦尼亚进行地质研究。1860年到1862年，参与普鲁士政府组织的东亚远征队，前往亚洲的锡兰、日本、台湾、印尼、菲律宾、暹逻和缅甸等地旅行。1863年到1868年，在美国的加利福尼亚州做了大量的地质勘查，导致了加州后来的淘金热。1868年到1872年，转到中国，指出罗布泊的位置。1873年到1878年，担任柏林地质学会主席。在他众多学生之中，最出名的是瑞典探险家斯文·赫定。李希霍芬晚年协助成立了柏林水文学院。李希霍芬在世界各地的地质纪录与观察结果非常详

李希霍芬

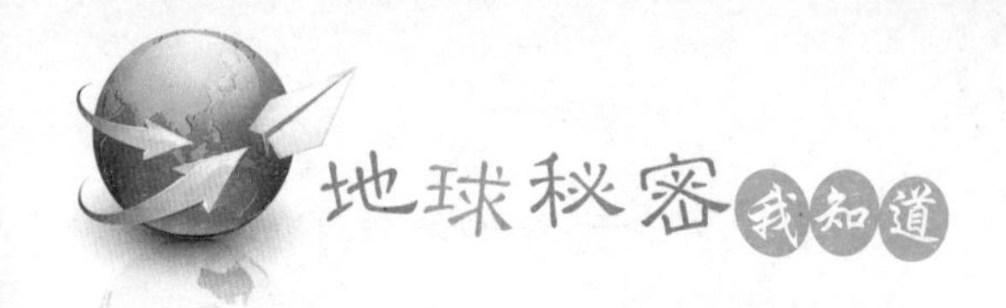


尽，倍受学者推崇。著作有《康斯塔克矿：特性与可能的蕴藏量》、《中国：我的旅行与研究》。

◆ **地理学家斯特拉波**

斯特拉波，公元前1世纪古希腊的历史学家、地理学家，曾在亚历山大城图书馆任职。生于土耳其的阿马西亚（当时属罗马帝国），斯特拉波出生于一个富裕家庭，信奉斯多亚学派哲学，政治上支持罗马的帝国主义。后来游遍各地，曾游历意大利、希腊、小亚细亚、埃及、埃塞俄比亚等地。著有《地理学》17卷，该书讨论了以天文学和几何学为基础的数理地理以及研究地表和大气圈的自然地理学，提出了地理学家首先应确定地理学的研究对象等原则，描述了海、大陆、气候带、自然特征、物产、城市、居民及其生活方式、风俗习惯等。《地理学》是西方古代地理学的一部经典著作。斯特拉波还著有《历史》一书，叙述从迦太基衰落到恺撒之死一段时期的历史，但差不多已经完全散佚，目前仅存的写于纸莎草的残片存于米兰大学。

斯特拉波

斯特拉波认为地理学是对人类居住世界的描述，不仅要研究一个地方的自然属性，还要研究它们之间的相互关系，为描述地理学奠定了基础；他对已知世界进行了区划，成为区域地理研究的代表；把海岸分为岩岸、沙岸和潟湖等类型，研究了陆地上升、下沉和三角洲的形成；正确解释了尼罗河的泛滥原因；提出自然因素对人文现象（如聚落、人口密度和风俗习惯）有很大影响，注意到历史对地理的作用。

### ◆ 地理学家埃拉托斯特尼

埃拉托斯特尼，又译为厄拉多塞、埃拉托色尼。希腊数学家、地理学家、历史学家、诗人、天文学家。公元前276年出生于利比亚的夏哈特，前194年逝世于托勒密王朝的亚历山大港。埃拉托斯特尼的主要贡献是设计出经纬度系统，计算出地球的直径。曾担任亚历山大图书馆馆长。前240年，埃拉托斯特尼根据亚历山大港与埃及阿斯旺之间不同的正午时分的太阳高线及三角学，计算出地球的直径。前200年，他采用了“地理学”一词来表示研究地球的学问。埃拉托斯特尼的贡献还包括：创立埃拉托斯特尼筛法，即寻找素数的方法；创立日地间距的测量法、地月间距的测量法；测量了赤道与黄道之间的偏角，精确度达7'；编排了包含675颗星星的星图；制作那时已知世界的地图，地图范围包括从不列颠群岛到斯里兰卡、从里海到埃塞俄比亚。

### ◆ 人文地理学之父李特尔

李特尔（1779—1859年），德国地理学家，于1779年8月4日出生在奎德林堡，称为人文地理学之父。1796年，入读哈雷大学，读自然科学和文史等课程。1819年，担任法兰克福大学历史学教授。1820

年担任柏林大学首任地理学教授。李特尔既注意自然现象及它们之间互相存在的关系，更关注人与自然界之间的关系。他认为地理学就是研究“空间分布的各种架构原理”的科学。李特尔的学术名著是《地学通论》，又名《地球科学与自然和人类历史》。

李特尔